重庆文理学院学术专著出版资助项目

混合赤泥胶结硬化机理及赤泥堆体稳定性研究

冯燕博　杨向阳　著

本书数字资源

北　京

冶金工业出版社

2022

内 容 提 要

本书以土力学、岩土力学、非饱和土力学为基础，以中国铝业贵州分公司排放的尾矿渣赤泥为研究对象，通过一系列物理力学试验、微观检测试验、水力学试验等，揭示了混合赤泥在堆存过程中其物理力学特性、微观结构组成及水力学特性的变化规律，提出反映混合赤泥结构性的定量化参数 m_c，并利用其对邓肯–张模型进行修正，建立了符合混合赤泥强度及变形特性的结构性本构关系模型。本书的研究成果可为赤泥堆体的稳定性及类似材料的本构模型研究提供一定参考和依据。

本书可作为高等学校土木工程、采矿工程、安全科学与工程专业等本科生、研究生的教材，也可供岩土工程、采矿工程等相关专业人员参考。

图书在版编目(CIP)数据

混合赤泥胶结硬化机理及赤泥堆体稳定性研究/冯燕博，杨向阳著.——北京：冶金工业出版社，2022.4

ISBN 978-7-5024-9076-8

Ⅰ.①混… Ⅱ.①冯… ②杨… Ⅲ.①赤泥—研究 Ⅳ.①TQ172.7

中国版本图书馆 CIP 数据核字(2022)第 040192 号

混合赤泥胶结硬化机理及赤泥堆体稳定性研究

出版发行	冶金工业出版社	**电 话**	(010)64027926
地 址	北京市东城区嵩祝院北巷 39 号	**邮 编**	100009
网 址	www.mip1953.com	**电子信箱**	service@mip1953.com

责任编辑 于昕蕾 美术编辑 彭子赫 版式设计 郑小利
责任校对 王永欣 责任印制 李玉山
三河市双峰印刷装订有限公司印刷
2022 年 4 月第 1 版，2022 年 4 月第 1 次印刷
710mm×1000mm 1/16；9.75 印张；191 千字；148 页
定价 60.00 元

投稿电话 (010)64027932 投稿信箱 tougao@cnmip.com.cn
营销中心电话 (010)64044283
冶金工业出版社天猫旗舰店 yjgycbs.tmall.com
(本书如有印装质量问题，本社营销中心负责退换)

前　　言

中国是世界上铝土矿资源丰富的国家之一，也是氧化铝产品需求量较大的国家，随着中国经济的发展，对氧化铝的需求量也在逐渐增加，致使赤泥的产生量也在不断增长。赤泥是铝业生产氧化铝过程中产生的尾矿渣。近年来随着氧化铝产量的快速增长，赤泥的排放量也随之增多，全球每年约有12000万吨赤泥需要排放，仅我国几大氧化铝生产基地（中国铝业的贵州分公司、山东分公司、河南分公司等）每年赤泥排放量就高达5000万吨。由于赤泥本身不仅含有较多的铝、铁等元素，而且含有钪、钛、钒等稀有金属，因此，赤泥的资源化利用引起了国内外学者的普遍重视，已经开展了较为深入的研究并取得了一定的成果，如有价金属的提取、建筑材料或吸附材料的制备等。然而，这些应用基本上没有达到工业生产规模，实际消耗赤泥量相对较少，且赤泥的处置费用很高（约占氧化铝生产成本的5%），大量赤泥仍采用露天筑坝的方式堆存。近年来随着中国土地限制相关政策的出台和土地价格的大幅上涨，无法建设新的尾矿库，新生成的赤泥只能在原有堆体上继续堆存。显然，随着堆存量的进一步增大，如何保证赤泥堆体的稳定性显得十分重要，一旦发生渗滤液渗漏或赤泥坝溃坝，将对周围环境造成严重的影响。

本书以中国铝业贵州分公司排放的尾矿渣混合赤泥为研究对象，通过一系列物理力学试验、微观检测试验、水力学试验等，揭示了混合赤泥在堆存过程中其物理力学特性、微观结构组成及水力学特性的变化规律，提出反映混合赤泥结构性的定量化参数 m_c，并利用其对邓肯-张模型进行修正，建立了符合混合赤泥强度及变形特性的结构性本构关系模型。本书的研究成果可为赤泥堆体的稳定性及类似材料的本构模型研究提供一定参考和依据。

本书共分为 7 章，第 1~3 章由重庆交通大学杨向阳撰写，第 4~7 章由重庆文理学院冯燕博撰写。第 1 章为赤泥工程特性研究概述，介绍赤泥工程特性研究的工程背景及意义，国内外研究现状。第 2 章为赤泥堆场概况及样本采集，介绍了中国铝业贵州分公司赤泥的基本特征、赤泥堆场概况、不同赤泥样品的采集等。第 3 章研究混合赤泥物理力学特性，包括试样的制备、基本参数测定，不同工况下赤泥的强度特性指标的测定。第 4 章研究混合赤泥的微观结构组成，揭示了混合赤泥微观结构的变化对其强度特性的影响规律。第 5 章研究非饱和赤泥的水力学特性，包括试样的制备、实验仪器的介绍、瞬态水力特性循环测试原理及不同赤泥的水力特征曲线分析。第 6 章研究非饱和混合赤泥的结构性本构模型，包括赤泥结构性定量化参数的提出、修正邓肯-张模型等。第 7 章研究降雨条件下混合赤泥堆体的稳定性。

本书的撰写得到了以下基金的资助：

（1）重庆市自然科学基金：基于流固耦合的赤泥堆体浸泡腐蚀机理及稳定性研究（cstc2019jcyj-msxmX0262）。

（2）重庆市教委科技项目：非饱和拜耳法赤泥强度特性及堆体稳定性分析（KJQN201801303）。

（3）重庆文理学院学术专著出版资助项目：混合赤泥胶结硬化机理及赤泥堆体稳定性研究。

由于作者水平有限，书中难免存在不足和疏漏之处，恳请各位专家和读者批评指正，以便使本书更加完善。

作　者

2021 年 12 月

目　　录

1 赤泥工程特性研究概述

中国是世界上铝土矿资源丰富的国家之一，也是氧化铝产品需求量较大的国家，随着国民经济的高速发展，我国的氧化铝需求量也在逐渐增加，铝矿渣赤泥量也相应地大量增长。近几年，国内外众多学者研究了赤泥的重复再利用，但赤泥的强碱性和辐射性，限制了它的大宗利用。露天筑坝堆存是我国目前处理赤泥的主要措施，赤泥在堆存过程中受岩溶地质、降雨气候等水文地质条件的影响，经常发生赤泥堆体溃坝、岩溶渗漏、强碱性渗滤液涌入周边水体，给周边的环境造成了很大的影响。赤泥的安全稳定堆存、周边环境的保护及赤泥的综合利用已成为目前全世界亟待解决的热点问题。

赤泥是氧化铝生产过程中铝土矿选洗排尾形成的高含水量泥浆，由于生产氧化铝的原料矿物成分和生产工艺的不同，赤泥的矿物组成和工程特性有较大的差异，导致赤泥的综合利用方向和处理方法也有一定差异。拜耳法赤泥的工程特性差、颗粒较细、含水量大，类似于粉质黏土，一般采用泥浆泵输送到堆存场地中，通过晾晒、脱水干燥；由于其渗透性较差，脱水较慢，因此长期处于流塑低强状态。烧结法赤泥的工程特性较好，颗粒较大，渗透性好，且在脱水过程中强度特性有所增加，自稳性较好，一般采用压滤机压滤后通过履带直接运送到赤泥堆场。基于拜耳法赤泥的难堆存现状和烧结法赤泥的胶结硬化工程特性，山东铝厂和贵州铝厂通过大量的试验研究发现，将拜耳法赤泥和烧结法赤泥按照一定的配合比混合后，采用干法堆存可以得到较好的稳定性，既解决了拜耳法赤泥难堆存的现状，降低了赤泥坝溃坝的可能性，又可以利用现有的、库容已经接近饱和的赤泥库继续向上堆载，取得了良好的经济效益，同时也保护了周边的环境。

目前贵州铝厂主要排放的赤泥为烧结法赤泥和拜耳法赤泥按照配合比 1∶1 混合的混合赤泥，主要采用干法堆存方式进行堆存，且堆存于原有的软弱拜耳法赤泥库之上。为了能够安全可靠地续堆，需要研究混合赤泥在堆存过程中发生的物理化学反应，以及对混合赤泥强度特性的影响；研究不同类型赤泥的水力学特性，保证赤泥在雨水冲刷条件下堆体的稳定性满足要求。本章在总结现有烧结法赤泥、拜耳法赤泥、混合赤泥物理化学特性研究现状的基础上，提出了研究混合赤泥胶结硬化特性的必要性，为利用现有赤泥堆场继续安全向上堆存提供一定的理论依据。

1.1 研究背景及研究意义

1.1.1 研究背景

赤泥是以铝土矿为原料,利用碱法生产氧化铝过程中产生的固体废渣。由于生产工艺和矿石品位的不同,每生产 1t 氧化铝,赤泥产量有较大的区别[1]。我国部分氧化铝厂赤泥排放系数统计见表 1-1。据统计,采用拜耳法工艺每生产 1t 氧化铝要产出约 1t 赤泥;以铝土矿为原料的碱-石灰烧结法工艺每生产 1t 氧化铝要产出约 1.5t 赤泥,而以霞石为原料用烧结法工艺每生产 1t 氧化铝要产出高达 7t 赤泥废渣。全世界每年的赤泥产出量高达近 1 亿吨[2,3]。

表 1-1 我国部分氧化铝厂赤泥排放系数统计

生产厂家	中国铝业河南分公司	中国铝业山西分公司	中国铝业贵州分公司	中国铝业山东分公司	中国铝业中州分公司	中国铝业广西分公司
生产 1t 氧化铝赤泥产出量/t	0.68	0.83	0.85	1.45	1.15	1.10
生产方法	联合法	联合法	联合法	烧结法	烧结法	拜耳法

随着中国经济的发展,氧化铝的需求量逐渐增加,致使赤泥的产生量也不断增长。每年赤泥堆场的修建、维护,周边环境的整治等花费了很大费用。因此,深入了解赤泥的物理力学特性,保证赤泥堆体的安全稳定,减少赤泥及其附液渗漏对周边环境的影响,找到赤泥大宗利用的有效途径,已成为材料科学及相关工程领域的研究热点。现在许多学者致力于赤泥的资源化利用研究,且已经取得了一定的科研成果[4,5]。截至目前,已有少量赤泥应用于道路建设、土地复垦以及水泥生产[6~9]等,并且又发现了赤泥的一些新的应用,如从赤泥中回收铁、铝、钛等金属物质和一些微量元素[10,11],以及应用于陶瓷生产等[12]。但这些应用还没有达到工业生产的规模,实际消耗赤泥量相对较少,大量的赤泥仍需要堆存。

目前,在没有找到赤泥大宗利用途径的情况下,露天筑坝堆存仍然是我国处理工业废渣赤泥的主要方法[13]。根据赤泥处理工艺、输送设备的不同,可以将赤泥的堆存方式分为湿法和干法两种。其中,早期由于生产设备的限制,赤泥主要采取湿法堆存,通过管道直接将赤泥以流体的状态排到堆场。赤泥出厂时含水量高、强度低,虽经晾晒和长期堆存,但其含水量仍旧很高,工程性能较差,如图 1-1 所示。干法堆放赤泥则是通过压滤机将赤泥中部分水分去掉后通过传送带直接运送到赤泥堆场,如图 1-2 所示。干法赤泥含水量低、强度较高、工程性能好,因此,干法堆存赤泥已成为现今主要采用的赤泥堆存方法。

(a)   (b)

图 1-1　赤泥湿法排放（a）与堆存（b）

(a)   (b)

图 1-2　赤泥干法排放（a）与堆存（b）

　　中国铝业贵州分公司赤泥堆场前三十年均采用湿法堆存拜耳法赤泥，现库池内存有大量的呈饱和状态、流塑状的软弱拜耳法赤泥。随着铝厂的生产规模不断扩大，该堆场的库容已经接近饱和，不能继续堆存湿法排放的赤泥。由于新建赤泥堆场受到限制，需要在现有软弱赤泥上继续堆存新产赤泥。随着坝体的继续升高，继续采用湿法堆存，风险会越来越大。因此，贵州分公司提出了"干法整体扩容"的方案，将湿法堆存工艺改为干法堆存，从根本上降低水的危害。近年来，由于拜耳法赤泥粒度细小、含水量大、渗透性差等工程特性，导致其堆存困难，容易发生溃坝、渗漏等灾害。基于拜耳法赤泥堆存困难的现状，山东铝厂[14,15]、贵州铝厂首次采用将烧结法赤泥和拜耳法赤泥按照不同配合比混合后通过压滤机压滤到一定含水量后排放到堆场，经推土机碾压后自然堆存的方法来堆存拜耳法赤泥。经室内试验、现场试验验证，赤泥堆场采用两种赤泥混合堆存极大地提高了堆体的安全性和稳定性，同时又有效地减轻了因赤泥附液渗漏对周边环境的影响。

1.1.2 研究意义

　　赤泥是利用铝土矿生产氧化铝过程中产生的一种带碱性泥浆状废弃物，因其化学成分中含有大量的氧化铁，呈红褐色，故被称为"赤泥"或"红泥"。国内外生产赤泥的方法主要有拜耳法、烧结法和联合法三种，根据现有生产工艺每生产 1t 氧化铝，赤泥产出量分别为：拜耳法 0.9~1.3t，烧结法 1.3~1.7t[16,17]。全球每年约有 12000 万吨的赤泥需要排放[18]，仅我国几大氧化铝生产基地（贵州、山东、河南等）每年赤泥排放量就高达 5000 万吨[19]。赤泥具有高碱性，导致赤泥的处置费用很高，约占氧化铝生产成本的 5%[20]。

我国现处理赤泥的主要措施是露天筑坝堆存。赤泥及其附液具有强碱性，在堆存过程中一部分赤泥附液透过赤泥沉积层聚集在堆场底部，形成 pH 值大于 12 的渗滤液[21,22]。赤泥堆场一旦发生赤泥渗漏或赤泥坝溃坝将严重影响周围环境，致使周边农作物无法正常生长或被碱烧死，造成土壤板结，甚至荒废。赤泥渗滤液渗入地下水后，使水的 pH 值增高，碱度上升，破坏自然水体的酸碱平衡，污染严重时将使自然水体失去饮用及灌溉功能，附近河流的生态平衡也将遭到严重破坏。赤泥的强碱性不仅对土壤、地下水、地表水造成污染，还对生态环境造成危害，严重影响了人们身体健康。

中国是世界上铝土矿资源丰富的国家之一，也是氧化铝原料需求量最大的国家之一。伴随着制铝业的高速发展，赤泥的产生量也不断增加。为了有效地处理不断增加的赤泥量，就需要在现已库容饱和的赤泥库内继续堆存新产生的赤泥。为了有效利用现有的赤泥堆场，在现有的赤泥堆体上继续向上堆存赤泥，降低赤泥堆存过程中渗滤液对环境的危害，需要充分研究在堆存过程中赤泥的物理力学特性、水力特性等的变化规律，研究赤泥堆体在继续堆存过程中由于降雨等不良气候对堆体的稳定性造成的影响。

不同生产工艺产出的赤泥无论在外观形式还是在微观结构等方面都存在较大的差异，直接导致烧结法赤泥、拜耳法赤泥以及配合比 1:1 的混合赤泥的物理化学性质、力学特性等都有所不同。现已有大量文献对烧结法赤泥和拜耳法赤泥的物理力学特性、堆体的稳定性进行了研究，并取得了一定的成果。而对于烧结法赤泥和拜耳法赤泥按照一定配合比混合的混合赤泥的研究则相对较少，对其在堆存过程中的物理化学变化过程及其对力学特性的影响机理均不是很清楚。本书的研究对象为烧结法赤泥和拜耳法赤泥按照配合比 1:1 混合的干法混合赤泥，通过室内常规土工试验、微观测试分析手段、非饱和土瞬态水力特性循环试验系统研究了混合赤泥在堆存过程中的强度特性的变化规律，并从微观角度分析了产生这种变化的微观机理，同时测定了混合赤泥的土-水特征曲线和渗透系数曲线，推导了滤水过程非饱和混合赤泥的本构模型，利用有限元软件计算了赤泥堆体在不同降雨工况、不同堆载高度的安全系数，为在原有拜耳法赤泥库上部继续安全稳定向上堆存、保护堆体周边环境提供一定的理论依据。

1.2 国内外研究现状

由于赤泥的强碱性和高辐射性等特点，其综合利用受到限制。目前，国内外处理赤泥的主要方法是筑坝堆存、直接填海或者中和后填海[23]。我国山东、河南、贵州、山西、广西等各大氧化铝厂多位于内陆地区，大多采用平地高台、河谷拦坝、凹地充填等方法堆存赤泥。赤泥堆场的维护、环境治理等给企业带来了很大的经济负担，同时也给周边环境造成了很大的安全隐患。

不同生产工艺产出的赤泥无论在外观形态还是微观结构组成等方面均存在较大差异，这使得赤泥具有各自特定的物理力学、化学等特性[24~26]。下面对烧结法赤泥、拜耳法赤泥和两者按照一定配合比混合后形成的混合赤泥的物理力学特性、化学特性、综合利用等方面的研究现状进行分析。

1.2.1 烧结法赤泥的工程特性

烧结法赤泥矿物组成成分复杂，含有大量的胶结性矿物质。赤泥在堆存过程中由于硅酸盐类、活性氧化物等发生水化、碳化反应，使其具有一定的结构性强度，这使得烧结法赤泥在工程领域有一定程度的资源化利用。由于其强碱性和高放射性，限制了其大宗利用的可能性。现有文献对烧结法赤泥的研究主要集中在物理力学特性、化学特性和综合利用等方面，为了研究混合赤泥的特殊性，下面就烧结法赤泥的物理力学特性、胶结特性、赤泥综合利用等方面的研究现状作详细介绍。

1.2.1.1 烧结法赤泥物理力学特性研究

景英仁等[27]总结了不同铝厂烧结法赤泥的化学成分（见表1-2）和烧结法赤泥的基本物理参数指标的取值范围，主要包括密度、孔隙比、含水率、界限含水率（塑限、液限、塑性指数和液性指数）、饱和度等，指标值见表1-3。

表 1-2 赤泥的化学成分[27]   （质量分数，%）

序号	成分	中国铝业山东分公司	中国铝业贵州分公司	中国铝业山西分公司	中国铝业中州分公司	平均值
1	SiO_2	22.00	25.90	21.43	21.36	22.67
2	TiO_2	3.20	4.40	2.90	2.64	3.29
3	Al_2O_3	6.40	8.50	8.22	8.76	7.97
4	Fe_2O_3	9.02	5.00	8.12	8.56	7.68
5	CaO	41.90	38.40	46.80	36.01	40.78

序号	成分	中国铝业山东分公司	中国铝业贵州分公司	中国铝业山西分公司	中国铝业中州分公司	平均值
6	Na_2O	2.80	3.10	2.60	3.21	2.93
7	K_2O	0.30	0.20	0.20	0.77	0.38
8	MgO	1.70	2.03	2.03	1.86	1.77
9	灼减	11.70	11.10	8.00	16.26	11.77
	合计	99.02	98.10	100.3	99.43	99.24

表 1-3 赤泥的物理性质指标[27]

序号	指 标		指标值	评价
1	密度/g·cm^{-3}	天然密度 r	1.45(1.42~1.51)	小于一般土
2		干密度 r_d	0.76(0.66~0.811)	大于一般土
3	孔隙比 e		2.53~2.95	远大于一般土
4	含水率 ω/%		80(82.3~105.9)	远大于黏土
5	界限含水率	液限 ω_L/%	70(71~100)	大于黏土，高塑性
6		塑限 ω_P/%	50(44.5~81)	远大于黏土
7		塑性指数 I_P	20(17~30)	大于黏土
8		液性指数 I_L	1.30(0.92~3.37)	很大，流塑
9	饱和度 S_t/%		91.1~99.6	完全饱和

注：指标值括号内数值表示相应指标值的区间取值。

苏联 C.C. 卡梅什尼克[28]、郭振世等[29]对高堆尾矿坝的堆积特性进行了研究，经过深钻孔勘探试验指标统计及多种原位测试结果分析，发现高堆尾矿坝深部的干容重指标要显著高于浅部；且对于同一空间位置、同样埋深下的堆积坝体来说，干容重指标随堆存时间的延长有明显增长的规律。

齐建召[30]在研究烧结法赤泥用作道路材料时，对堆存时间为 1 月、1 年、3 年和 10 年以上赤泥的化学成分进行了比较，发现赤泥在堆存过程中随着堆存时间的延长，烧结法赤泥的各种成分的变化不是很大。陈凡[31]同样在研究赤泥用作道路材料的应用时，对堆存为 3 年、5 年和 10 年以上烧结法赤泥的化学成分进行了对比，结果表明随着堆存时间的延长，烧结法赤泥的各种成分组成没有明显的变化。

姜跃华等[32]通过一系列物理化学手段对郑州长城铝业有限公司氧化铝厂排放的拜耳-烧结联合法赤泥的基本化学和矿物学特征进行了研究。试验选取了新鲜赤泥、堆存时间为 5 年和 10 年的赤泥进行了对比，分析项目包括 pH 值、EC、水溶性和交换性盐基离子、X 射线衍射矿物分析等。此外，还采用为期两年的慢速接力滴定法对三种不同堆存龄期赤泥的酸中和容量进行了测定，发现随着堆存时间的延长，各项指标均呈现一定的变化规律。

谢定义、陈存礼等[33]根据烧结法赤泥饱和原状样及扰动样固结排水三轴剪切试验，用土力学方法分析了赤泥变形-强度特性与结构性之间的关系，探讨了结构性参数随轴应变及固结压力变化的规律。研究结果表明，烧结法赤泥的变形-强度特性与其在形成过程中的固结应力大小及龄期长短没有必然的因果关系，而与其在滤水过程中所形成的结构性强度的强弱有直接关系。

刘东燕等[34]通过直接剪切试验对不同堆存深度烧结法赤泥的抗剪强度指标进行测定，研究结果发现，烧结法赤泥抗剪强度的形成与堆存龄期的长短没有直接的关系；再通过对新进厂烧结法赤泥在自然脱水干燥过程中强度指标变化规律的追踪，得到烧结法赤泥抗剪强度与滤水固结时间的关系曲线，为烧结法赤泥堆体的稳定性提供一定的依据。

郑玉元[35]通过静三轴试验，研究了烧结法赤泥由流体变为固体，具有较高强度的工程力学性质的自然演变过程，得出随着滤水龄期的增长，固结强度随时间（龄期）的延长而增大，固结成岩后貌似"砂岩"的结论。

赵开珍等[36]通过对贵州铝厂 4 号坝的烧结法赤泥和拜耳法赤泥分别进行了三轴剪切试验，试验结果表明赤泥的抗剪强度指标取决于赤泥的滤水固结程度和赤泥种类，已固结的烧结法赤泥较未固结的烧结法赤泥、拜耳法赤泥的抗剪强度大，且随赤泥的固结龄期增长，强度增大。

田跃等[16]在室内试验的基础上总结出以下结论：烧结法赤泥由于其硬化性，入库后在水化作用下强度呈稳定增长趋势，内摩擦角 φ 一般可在入库后的 3 个月内由几度增长到接近极限值的 45°，黏聚力 c 由 0kPa 上升到 100kPa 左右，承载力也由 0kPa 上升到 500kPa，而后趋于稳定，基本不受含水量的影响。

王克勤等[37]通过 DTA、TG、DTG、土工试验研究了烧结法赤泥的化学组成、密度、粒度分布、表面性质、胶结性能、物相组成。研究结果表明，烧结法赤泥的安息角为 32.5°，平均粒径为 11.46μm，比表面积 89.2m²/g，矿物组成主要有钙钛矿、斜硅钙石等多种。

张永双等[38]利用工程岩土力学的有关理论和方法，系统地研究了烧结法赤泥的物理水力特性、化学和矿物成分、不良工程特性及其形成变化机理。同时，提出了赤泥的工程治理方案与综合利用的原理和途径。

于永波等[39]，王常珍[40]，叶大伦、胡建华[41]通过室内试验和现场试验对烧结法赤泥的强度特性的变化规律进行了研究，发现烧结法赤泥从刚出厂时的流塑状态，在脱水、析水、干燥固结过程中产生了大量的胶结物质，烧结法赤泥的结构性强度呈增大趋势，且结构由不稳定状态转变为稳定状态。

1.2.1.2 烧结法赤泥的胶结特性微观机理研究

景英仁等[27]对烧结法赤泥的微观结构和化学特性进行了研究，结果表明，烧结法赤泥从开始的流塑状态到后来的硬塑状态，是由一系列物理化学作用形成的结构强度决定的。赤泥经过胶结作用，形成以胶结联结为主、结晶联结为辅的多孔隙结构，且结构体一旦形成，不因环境的变化而变化，结构强度呈不可逆增长。

陈友善等[42]通过物理、化学方法对烧结法赤泥的物理化学性能进行了一定的研究，结果表明烧结法赤泥中 CaO、SiO_2、Al_2O_3 是主要成分，占总量的 75% 以上。矿物组成主要有 $2CaO \cdot SiO_2$、$CaCO_3$ 等胶结矿物，占赤泥总量的 50% ~ 75%，次要成分有 $3CaO \cdot Al_2O_3$ 等。同时由于赤泥呈强碱性，能形成水硬性物质水化硅酸钙（$2CaO \cdot SiO_2 \cdot xH_2O$）和固体水化铝酸钙（$3CaO \cdot Al_2O_3 \cdot 6H_2O$）等，使赤泥具有胶结强度，并在滤水过程完成后，呈现胶结和硬塑的稳定状态。

孙恒虎等[43]依据机械力化学原理，对烧结法赤泥采用高能球磨技术进行活化处理后，并利用 SEM、XRD、XPS、NMR 等一系列微观测试分析工具对烧结法赤泥活化前后的细度变化、矿物组成、微观结构以及化学状态等的变化规律进行了研究。试验结果表明，机械力活化可显著改善烧结法赤泥活性，利用粉磨 30min 的烧结法赤泥生产的胶凝材料，可达到 42.5 号水泥的强度。

郭晖等[44]为了对焦作中州铝厂烧结法赤泥的化学成分、矿物组成、粒径级配及熔融温度等工程特性有一个全面的了解，利用多元素快速分析、X 射线衍射（XRD）、激光粒度分析及热分析（DSC-TGA）等方法，对该铝厂烧结法赤泥进行了系统的研究。结果表明，该铝厂烧结法赤泥的主要矿物组成为方解石（$CaCO_3$）、硅铝酸钙、α-硅酸三钙及铝酸三钙等矿物。方解石（$CaCO_3$）在高温煅烧结晶过程中产生胶结联结，构成了烧结法赤泥的骨架；α-硅酸三钙及铝酸三钙属于水泥水硬性矿物，在溶于水后可以具有不可逆性的胶结联结，产生胶结作用。

刘昌俊等[45]在研究山东铝业公司烧结法赤泥的物化特性时，运用了多种分析检测手段和方法，通过各种土工试验、微观检测试验，发现烧结法赤泥的物理化学特性和力学特性均随着赤泥堆存时间的不同发生一定的变化。

田跃[46]通过现场勘察和微观检测分析试验对烧结法赤泥的微观结构组成进行了研究，烧结法赤泥的化学成分中的主要元素为硅、铁等，且含有大量的活性氧化钙，其主要以硅酸二钙、硅酸三钙、铝酸三钙等水泥水硬性矿物形式存在，其胶结硬化特性与水泥相似，具有水硬性，可形成不可逆的结构性强度。

王平升[47]在研究烧结法赤泥的矿物学特征时采用 DTA-TG、XRD、SEM 及能谱等方法，分析了在堆存过程中烧结法赤泥的质量损失、含碳量与含水量的变化规律、矿物组成、微观结构及化学成分等的变化特征。结果显示，烧结法赤泥中钙的氢氧化物最容易吸收空气中的 CO_2 转化为胶结矿物碳酸钙，使烧结法赤泥获得早期强度。烧结法赤泥中的硅酸二钙、硅酸三钙等水泥水硬性矿物在长期堆存过程中，在缓慢水化及压实作用下可使堆存赤泥获得较高的整体强度。

刘作霖[48]通过电镜扫描对烧结法赤泥的晶相外貌进行了研究，发现赤泥中含有大量的 $\beta-C_2S$ 原生矿和铁铝酸盐固溶体，且 $\beta-C_2S$、C_4AF 属于水硬性胶凝矿物。烧结法赤泥在长期自然风化过程中，赤泥的活性矿物质组成产生显著变化。通过 X 射线衍射图谱可以发现，赤泥中已不存在 $\beta-C_2S$ 矿的特征值，而被大量的 $CaCO_3$ 和 Fe_2O_3 取代，化学组成中灼减量增加，有用的活性成分相应下降。

顾汉念等[49]为了对贵州铝厂烧结法赤泥的化学成分、矿物组成、微观形态和粒度分布等基本特征有一个全面的认识，运用 XRF、电感耦合等离子体质谱仪、XRD、SEM 和激光粒度分析仪等微观手段进行了系统的研究。研究结果表明，烧结法赤泥的化学成分组成具有高钙低铝的特征；粒径较小，且粒径级配差；烧结法赤泥的微观形态中有薄片状、块状、柱状、颗粒状、毛发状和细丝状等多种形状，且各物相组成之间有严重的团聚包裹现象。

尹国勋等[50]分析了烧结法赤泥"泛霜"的形成原因，采用 XRD、SEM、原子吸收等微观检测工具对中州铝厂各时期赤泥"霜"物质的矿物组成、微观结构、化学成分进行了测定。研究结果表明，"霜"物质组成分为可溶钠钾盐类与不可溶钙镁盐类，为赤泥作为建筑材料综合利用的可能性提供了依据。

1.2.2 拜耳法赤泥的工程特性

拜耳法赤泥具有粒径细小、渗透性差，自然条件下脱水困难、抗剪强度低、难以再利用等特点。未脱水的拜耳法赤泥一般呈糊糊状，这给其堆存带来较大的困难，这一问题也成为困扰拜耳法氧化铝生产企业的技术难题。下面主要论述了拜耳法赤泥的物理力学特性、赤泥堆体的稳定性、综合利用等方面的研究现状，为后面烧结法赤泥、拜耳法赤泥按照配合比为 1:1 混合的混合赤泥的胶结特性的研究提供了一定的理论依据。

1.2.2.1 拜耳法赤泥的物理力学特性研究

拜耳法赤泥的主要矿物组成有方解石、含水铝酸钠、钙霞石、赤铁矿、钙钛矿、针铁矿、一水硬铝石等，其中赤铁矿和水化石榴石含量最高。拜耳法赤泥具有含水量高、粒度小、渗透性差、抗剪强度低、压缩性高、pH 值高等工程特性[51]。

田跃等[16]通过土工试验和现场观测，发现拜耳法赤泥入库后强度的增长受含水量的控制，在排水条件不好的情况下，可长时间（多达数十年）呈液态而无强度。在排水、通风条件良好的情况下，需要 3 个月到半年的时间就能使拜耳法赤泥的含水量降至38%以下，产生较为可靠的力学性能（$\varphi \geqslant 30°$，$c \geqslant 500\mathrm{kPa}$）。

马光锁[52]通过现场与室内土工试验、现场大剪试验、粒径级配、击实试验、静三轴试验、动三轴与共振柱试验等，得出中国铝业山西分公司拜耳法赤泥具有干密度大、孔隙比小、粒径小、渗透系数小等特点。

张忠敏等[53]通过砂桩模拟了拜耳法赤泥固结排水过程，测定了拜耳法赤泥固结排水前后各项物理力学参数的变化规律。通过对比分析，发现经过砂桩排水固结后拜耳法赤泥的物理力学特性有明显的改善，含水量降低、干密度增大，抗剪强度有较大程度的提高，且黏聚力的增长幅度最大。

田跃[46]指出拜耳法赤泥的力学性质与淤泥接近，随着含水量的增加由硬变软，当含水量增大到一定界限值时，拜耳法赤泥发生崩解现象，丧失继续堆积能力。同时提出在进行干法改造时，除了要改造赤泥滤干和运输系统外，还应对原来的软弱赤泥进行加固，推荐采用排水固结方法。

1.2.2.2 拜耳法赤泥堆体的稳定性研究

饶平平[54]通过对平果铝厂拜耳法赤泥粒径级配、矿物及化学组成、物理力学特性等进行试验研究，认为拜耳法赤泥的化学成分中 Fe_2O_3 含量较高、粒径较小，且属于级配不良的土。同时，分析了堆场目前运行时存在的排水系统的功能性、赤泥固结等问题，提出赤泥堆场堆存后期有可能由于赤泥排水缓慢而导致堆场底部长期被水浸泡，对堆场的安全稳定带来一定的威胁。

刘忠发等[55]对运行 10 年的平果铝厂赤泥堆积体的赤泥进行取样检测，通过基本土工试验，对其力学性能、堆积体的稳定性、渗透性能等进行了探讨。试验结果表明，平果铝厂堆积体在最终堆积高度达到 50~60m 的使用年限内，仍能保证其边坡的稳定。

王跃等[56]通过二维平面有限单元法对中铝贵州分公司赤泥堆场 4 号坝进行了渗流稳定分析。计算结果表明，利用二维平面有限单元法对由赤泥堆成的坝体的稳定性进行计算是可行的。

欧孝夺等[57]针对拜耳法赤泥的工程特性，通过现场和室内试验得到平果铝厂赤泥的物理力学特性，同时分析了赤泥堆场裂缝产生的主要成因，并利用 GEO-SLOPE 软件中的 SLOPE/W 模块对裂缝条件下赤泥堆积坝边坡的稳定性进行了计算。

饶平平[58]通过一系列现场、室内试验手段对广西铝业公司平南平地型赤泥堆场裂缝特征及其成因进行了分析，认为赤泥排放先后顺序的不同、赤泥泥浆干缩失水、各库之间压力差以及可溶盐的溶解等原因是造成堆场裂缝产生的根源。

李明阳[59]对平果氧化铝厂采用的拜耳法赤泥干法堆存的特点进行了介绍，

并通过对不同组合的边坡稳定性进行了计算，提出影响堆场边坡稳定性的主要影响因素为堆场赤泥的含水量和子坝外坡坡度。

冯燕博等[60]通过非饱和土瞬态循环试验系统对拜耳法赤泥和烧结法赤泥进行了脱湿进程试验，得到了两种赤泥的土-水特征曲线和渗透系数曲线。通过分析发现含水量变化值相同时，拜耳法赤泥的基质吸力的变化幅度要明显的大于烧结法赤泥，表明烧结法赤泥对水的敏感程度要小于拜耳法赤泥。在相同降雨条件下，拜耳法赤泥堆载体的稳定性要比烧结法赤泥的偏小一些。

1.2.3 赤泥的资源化利用

在过去几十年间，国内外学者对赤泥的综合利用进行了大量的研究，并取得了一些科研成果。例如，现在利用赤泥来制备高效混凝剂、生产水泥[8,9,61]，作新机型墙材、塑料填料[62]，用作硅肥，直接还原铁团块、作充填料、用于脱硫等[63]。近几年，许多学者通过高温煅烧、加酸试剂等方法对赤泥进行了物理化学活化，研究发现活化赤泥的吸附性能、催化性能和胶结性能要比未处理的赤泥有明显提高，使赤泥的综合利用有了新的应用领域。例如，作为气体净化和污水处理的吸附剂，作为废气和废水净化的催化剂[63]，作为胶凝材料的主要原料等。本小节就国内外赤泥主要活化方法及其在各个领域的应用进行了论述，为赤泥的综合利用、节约资源、发展循环经济提供一定的理论依据。

1.2.3.1 赤泥热活化原理及应用

赤泥颗粒粒度较小且比表面积较大，使赤泥有较好的吸附性能，可用来去除环境中存在的一些污染物质。但大量学者在研究赤泥这方面的应用时，发现原状赤泥的活性并不高，导致赤泥的应用领域和使用数量受到一定的限制。随着科学技术的发展，对赤泥的物理化学性能认识逐渐加深，研究发现对赤泥进行一定的热处理后，其活性有明显提高，辐射元素含量也明显降低。现已有研究表明，经过活化处理的赤泥可用作吸附剂来处理污水中的有害元素，也可以用作催化剂来提高水泥掺合料的早期强度，还可用作新型墙材等。

赤泥在加热处理过程中，在600℃之前赤泥基本上是脱除其中的吸附水和结晶水，颗粒边缘出现了很多毛细网状结构，颗粒变得非常松散，生成差结晶度的 Ca_2SiO_4，此时赤泥的胶结性能最好。在 $620 \sim 760℃$ 碳酸钙矿物质发生分解，700℃时处于亚稳定性差结晶度的 Ca_2SiO_4 开始向高结晶度的 Ca_2SiO_4 转化[64]。800℃以上时碳酸盐进一步分解，但是此时部分铝硅酸盐类物质将大量由无定形向晶态转变，发生烧结反应，颗粒团聚致使此温度下赤泥活性较差[65]。由上述不同温度下赤泥的物理化学特征分析可知，赤泥在600℃高温条件下，胶结性、吸附性等工程特性活性最大。

根据上述赤泥活化原理，学者在研究赤泥的综合应用时将赤泥提前进行高温煅烧处理，利用不同温度段赤泥的不同物理化学特性，提出了赤泥的不同应用途径。

A 用作胶凝材料

张乐等[66]在研究赤泥-粉煤灰-水泥体系的早期强度时，对烧结法赤泥进行一定的预处理。首先在 (105±5)℃烘箱中烘干 3h，然后在球磨机中粉磨 1h 进行筛分，然后在温度为 600℃下煅烧 1h。试验结果发现，经过煅烧预处理的赤泥对赤泥-粉煤灰-水泥复合体的胶凝特性有明显提高。

冯向鹏等[65]在研究赤泥用于胶凝材料时，发现热处理可使赤泥的活性大大提高。将经过 600℃煅烧预处理的赤泥（50%）配以矿渣、煤矸石、钢渣以及自配的调节剂生产胶凝材料，可以达到 42.5 号水泥强度标准的要求。

B 用作吸附剂

在地下水和废水系统中存在很多的污染物质，比较常见的污染物主要是阴离子、重金属离子、有机混合物。大部分污染物质对人类、动物和植物来说是有毒的，故应采取一定的手段移除这些有害物质。赤泥作为一种廉价的吸附剂得到一定的应用，通过对赤泥经过一定的预处理，增加其吸附性能，从而提高赤泥的利用率。表 1-4 列出了不同时期国外学者对热处理赤泥吸附性能的研究及其在各领域的应用。

表 1-4 热处理赤泥的吸附性能及其应用

序号	目标污染物	活化方法和应用	文献
1	磷酸盐	在研究赤泥对磷酸盐的吸附特性时对赤泥进行高温煅烧（200~1000℃）。结果表明，在煅烧温度为 700℃时赤泥的比表面积虽然减小，但其对磷酸盐的吸附能力有所提高，通过 XRD 分析发现在热处理过程中赤泥物相转化和矿物成分都发生了改变	Y. Z. Li 等（2006）[67]
2	染料	对赤泥进行高温加热，发现在 800℃时赤泥发生烧结反应，且热分解使赤泥中的有机物和羟基减少，使赤泥对染料等有机物的吸附性能要比在 600℃时有较明显的降低	S. B. Wang 等（2005）[68]
3	SO₂	将赤泥在 105℃干燥，然后在 450℃焙烧 1h 活化。活化后的赤泥可在 500℃时，吸附流量为 106~115mL/min、含量为 18% 的来自火力发电厂制造业烟囱中的 SO₂，脱硫效率为 100%。循环 10 次后，脱硫效率仍达 93.6%	Z. Bekir 等（1988）[69]
4	Cr(Ⅵ)	在 pH 值为 2、吸附剂用量为 20g/L、反应时间为 180min、Cr(Ⅵ) 的初始密度为 10mg/L 的条件下，加热温度为 600℃的赤泥在 20℃时对 Cr(Ⅵ) 的吸附能力达到最大值 64.9%	M. Erdem 等（2004）[70]
5	Cd²⁺、Zn²⁺、Cu²⁺	将赤泥在温度 600℃焙烧 30min，然后加入含有 Cd²⁺ 3.5mg/L、Zn²⁺ 4mg/L、Cu²⁺ 5mg/L 的废水中，搅拌 10min，可分别除去 98% 的 Cd²⁺、Zn²⁺、Cu²⁺。赤泥的加入量为 500mg/L	三井石化（1975）[71]

C　用作新型墙材

赤泥用作新型墙材是综合利用的又一有效途径，由于赤泥的天然放射性水平较高，不能直接用于建筑主体材料[49]。在应用前需对赤泥进行处理，使其放射性水平达到国际标准值。V. Jobbágy 等[72]通过试验分析了赤泥的氡发散对点火温度的依赖性，赤泥的质量损失、放射系数随温度变化曲线如图 1-3 所示。

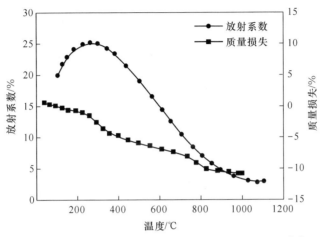

图 1-3　赤泥的质量损失、放射系数随温度变化曲线[72]

从图 1-3 可以看出，赤泥的质量损失随着温度的升高呈现逐渐增加的趋势。放射系数在 100～300℃ 区间内呈增长趋势，在 350～790℃ 区间内呈逐渐下降趋势，在温度高于 800℃ 时赤泥的放射系数值呈较大幅度下降，低于欧洲联盟（EU）建议值，说明赤泥的氡辐射在点火温度高于 800℃ 时满足建筑材料的使用要求。

1.2.3.2　赤泥加酸活化后再加热处理的活化原理及应用

对赤泥用不同的酸类进行酸化后再高温煅烧，能有效提高赤泥的活性，使赤泥的应用范围有一定的扩大，并且已经取得了一定的成果。最常用的酸类有浓硫酸、稀盐酸、硝酸等。赤泥加酸活化后，比表面积有一定的增大[73]，主要是由于加入酸溶液能使氧化钙和其他氧化物生成易溶盐，生成新的空隙，增大其比表面积。再者，因为赤泥呈强碱性，含有大量的氢氧根离子，赤泥加入酸后能中和其中的氢氧根离子，改变赤泥表面的负电荷量[74]，提高赤泥表面活性；再对赤泥进行煅烧，能最大程度地发挥其吸附性能。

张志峰等[75]用静态吸附试验方法研究了未加工赤泥对含磷废水除磷的一般规律，结果表明赤泥是一种有效的吸附剂，其静态吸附行为比较符合 Freundlich 等温方程，15.5℃ 时其饱和吸附能力在 0.766mg/g。W. Huang 等[74]研究了加入酸和高温煅烧后（见图 1-4 中的 RM-HNO$_3$-700℃ 和 RM-HCl-700℃）的赤泥对磷酸盐的吸附能力。图 1-4 为赤泥对磷酸盐吸附能力的关系曲线。

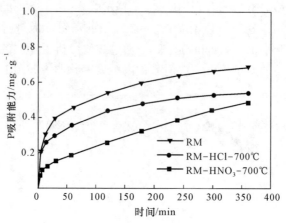

图 1-4　赤泥对磷酸盐吸附能力的关系[74]

由图 1-4 可以看出，未加工赤泥的吸附能力较低，经过加酸活化后再经过 700℃高温处理的赤泥对磷酸盐的吸附能力有明显提高，加硝酸处理赤泥的吸附性能要比加稀盐酸处理赤泥的吸附性能高。

S. Ordoñez 等[76]用硫化赤泥和基于赤泥的硫化催化剂来对四氯乙烯进行脱氯作用，研究发现硫化赤泥是一种比较活跃的催化剂，但由于 HCl 对其的不利作用，使赤泥在反应过程中的稳定性较低。他在后来的研究中发现，对赤泥经过加酸激活（HCl 或 HCl 和 H_3PO_4 的混合物）再加入氨水沉淀后进行煅烧（500℃），可以发现处理过赤泥的催化性能和抗失活能力比未处理的赤泥有明显的提高。H. Genc-Fuhrman 等[77]同样利用上述方法来提高赤泥对 As（Ⅲ）的吸附能力，结果发现经过处理的赤泥较未处理的赤泥对 As（Ⅲ）吸附能力有明显的提高。

V. K. Gupta 等[78]在研究赤泥对氯酚、若丹明 B、固绿、美蓝等有机物质的吸附性能时，对赤泥用适量过氧化氢溶液活化后再在 500℃的高温下进行煅烧，可以提高赤泥对有机物质的吸附活性。V. K. Gupta 等[79]用同样的方法处理赤泥来提高赤泥对 Zn（Ⅱ）、Cr、Cd（Ⅱ）的吸附能力。通过上述试验均发现，经过酸活化后再高温煅烧赤泥的吸附性能要大于未处理的赤泥。

1.2.3.3　赤泥热活化后再机械力粉磨的活化原理及应用

赤泥高温煅烧活化后再使用高能球磨技术进行机械力粉磨，不仅使赤泥的颗粒细化和表面积增加，还会产生多晶转变、晶格缺陷、晶格无定型化等机械力化学效应，同时使赤泥表面粗糙化[43]。高温煅烧（600℃）后再进行机械力粉磨可使赤泥具有较强的黏结力，使赤泥在工业领域的应用范围更广泛，使用量也随之增大。

孙恒虎等[43]依据机械力化学原理，采用高能球磨技术对经过煅烧（600℃）的赤泥进行活化处理，并利用 SEM、XRD、XPS、NMR 等一系列微观测试分析工具对赤泥活化前后的细度变化、矿物组成、微观结构以及化学状态等进行了对比研究，在此基础上阐明了机械力化学效应对赤泥结构特性和胶结性能的影响。应用上述原理通过试验分析发现，粉磨时间为 30min 的赤泥（50%）与矿渣、粉煤灰配合的胶凝材料强度性能可以达到 42.5 号水泥的强度要求，为赤泥作为建筑材料的应用提供了一定的理论依据。

1.2.4 混合赤泥的工程特性

混合赤泥是由烧结法赤泥和拜耳法赤泥按照一定的配合比混合而成的，其混合堆存的目的就是为了解决拜耳法赤泥堆存困难的难题。现有文献主要集中在单纯烧结法赤泥和拜耳法赤泥的工程特性研究，对混合赤泥堆存特性的研究较少，下面对现有关于混合赤泥的文献进行总结。

孙运德[14]在分析了拜耳法赤泥的特性及堆存面临问题的基础上，通过试验探讨出了一种赤泥混合堆存的方法，通过利用烧结法的胶结水硬特性，增加拜耳法赤泥的堆存强度，解决了拜耳法赤泥难以单独堆存的问题。山东铝厂在 2008 年 6 月已经实现了拜耳法赤泥与烧结法赤泥的混合筑坝与堆存，取得了很好的经济效益、环保效益、社会效益。

楚金旺[80]在分析烧结法赤泥和拜耳法赤泥的工程特性及其堆存现状的基础上，提出了两种不同力学性能的赤泥混堆的技术方案，并通过工程实例验证了其可行性。结果表明，赤泥堆体稳定性的最大影响因素是筑坝赤泥的胶结程度，在筑坝前必须保证赤泥充分胶结、固结。

乔英卉[81]介绍了一种将烧结法赤泥和拜耳法赤泥混合筑坝的新型筑坝方案，并将此方案与传统的筑坝方案进行了比较，发现这种新型筑坝方案具有堆场运行管理简单、筑坝高度高、初期坝投资小等优点，为以后的工程应用提供了借鉴和指导。

贾海龙[15]分别研究了烧结法赤泥、拜耳法赤泥和两者 1:1 混合的混合赤泥的物理力学特性和化学特性。得出以下结论：（1）混合赤泥的强度随着烧结法赤泥掺加量的增多，其混合体的强度也增大，但相对于纯烧结法赤泥的强度要低；（2）混合赤泥中的主要矿物以烧结法赤泥中的硅酸二钙及铝酸三钙为主，赤泥凝结堆存是混合堆存的主要特征；（3）在全面研究了两种赤泥理化性能、矿物成分及存在结构和强度特征的基础上，认为实施赤泥混合堆存是适宜的。

勘察报告[82]通过试验得到了混合赤泥的物理力学指标的取值范围，渗透系数 $K = 0.69 \times 10^{-4} \sim 0.98 \times 10^{-4} cm/s$，三轴固结不排水剪切试验指标 $c_{cu} = 0 \sim 43.1 kPa$，$\varphi_{cu} = 11° \sim 19°$。

文献［83］通过对比烧结法赤泥、拜耳法赤泥及两者配合比 1:1 混合的混合赤泥的物理力学特性，发现混合赤泥的脱水速度慢，形成的强度较低，不适宜水力冲坝填筑，但其可用于烧结法赤泥坝的基础，其性能优于纯拜耳法赤泥。

1.2.5　赤泥附液对环境的影响

赤泥附液是一种强碱性液体，其伴随着铝矿渣赤泥排放到赤泥堆场。赤泥和赤泥附液的混合物在堆场放置一段时间后，液固分离，一部分强碱性赤泥附液通过运输管道重新返回氧化铝厂回收利用，重新进入氧化铝生产流程；一部分赤泥附液则沉积下来留存在赤泥堆场，靠自然蒸发和排渗系统收集。

侯永顺[84]、陈宁等[85]、王亮等[86]通过化学试验对赤泥及其附液成分做出了鉴别，见表 1-5。赤泥附液的碱性较高，pH 值在 11.05~13.20 之间，分属危险废物和第Ⅱ类一般工业固体废物两类。同时提出在对赤泥堆场进行抗渗设计时，应根据附液性质采取一定的环保措施，防止由于赤泥附液的浸出造成周边的地下水和土壤碱污染。

表 1-5　赤泥成分及鉴别标准对照

项　目	pH 值	氟化物/mg·L^{-1}
干赤泥浸出液	10.29~12.24	3.9~15.6
赤泥附液	11.05~13.20	1.9~32.3
危险废物	≥12.5，≤2.0	≥50
Ⅰ类一般废物	6~9	≤10
Ⅱ类一般废物	2.0~6.0，9.0~12.5	10~50

表 1-6 为中国某氧化铝厂典型赤泥固相与附液的 pH 值，从表中可以看出，赤泥、赤泥附液的 pH 值均未超出危险废物腐蚀性的规定。

表 1-6　某氧化铝厂典型赤泥固相与附液的 pH 值

参　数	固　相	附　液
混联法赤泥	11.2	12.3
烧结法赤泥	11.8	12.2
拜耳法赤泥	12.3	12.4

表 1-7 列出了根据毒性试验获得的赤泥固体可浸出金属的含量值，从表中各元素的含量可以看出，赤泥中对人体有害的重金属离子的含量要远低于国家关于危险废物的标准要求。

表 1-7 赤泥固体可浸出金属的含量 （mg/L）

项　目	混联法赤泥浸出液	烧结法赤泥浸出液	拜耳法赤泥浸出液
Ag	0.001	<0.001	0.003
Al	2.980	0.107	0.134
As	0.002	0.059	0.025
Cd	<0.001	<0.001	0.002
Cr	0.111	0.019	0.019
Cu	0.014	<0.01	0.016
Fe	0.066	0.146	0.296
Hg	<0.001	<0.001	0.001
Mn	0.174	<0.001	<0.001
Ni	0.502	0.074	0.051
Pb	0.001	0.002	0.001
Se	0.002	0.008	0.007
Zn	0.033	0.026	0.032

戚焕岭[87]研究了不同生产工艺赤泥附液的一般成分，提出赤泥对环境的危害因素主要是其含 Na_2O 的附液，致使其对环境的危害主要以碱污染为主。附液含碱量 2~3g/L，pH 值可达 13~14。

赤泥附液在赤泥堆场堆存过程中，其去向主要可分为四部分：一部分经澄清通过管道回收后再重复利用，是赤泥附液的主要去向，主要用于改善氧化铝生产水平衡，减少新水用量、降低碱耗；一部分自然蒸发；一部分透过赤泥沉积层，聚集在赤泥库底部；一部分以结晶水和附着水的形式与赤泥结合在一起，如图 1-5 所示[88]。

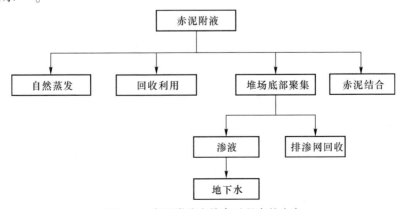

图 1-5 赤泥附液在堆存过程中的去向

1.2.6　土的结构性本构模型

近年来，土的结构性研究引起了人们的广泛关注。从广义上讲，土都具有结构性[89]，土结构性的强弱是与土的先期固结压力、沉积时间、沉积条件以及土的化学成分等相关的。土结构性研究的重要性，早在 20 世纪 20 年代就由土力学创始人 Terzaghi 提出。谢定义等[90]也曾提出：土结构性是决定各类土力学特性的一个最为根本的内在因素。因此，有必要把土在受力后所表现的变形、稳定等方面问题和土的结构变化作为一个整体来研究，即开展土的结构性研究并建立相应的本构模型，这已经成为目前土力学研究中十分重要而紧迫的问题。

土本构模型的建立是一个重要而又复杂的问题。目前，已有数以百计的土的本构模型被国内外学者提出，并发表了大量关于土的本构模型的文献。但是，现有土的本构模型大都是基于砂土或重塑土发展和建立起来的，其难以描述土的结构性引起的各种非线性行为，导致计算结果与实际情况可能产生较大的差异。天然土体一般都具有一定的结构性，因此，有必要建立考虑土的结构性影响的本构模型。目前，已有大量学者基于各种理论和方法，提出了一些考虑土的结构性影响的本构模型，并在工程领域得到了一定的应用。

1.2.6.1　微结构本构模型的研究方法

微结构模型是指根据土的微观结构和黏土颗粒的物理化学性质建立的土的本构模型，以此来反映土的宏观力学行为。它的基本思路出自 Taylor(1938) 提出的材料中不同方向微滑面上的应力-应变关系。目前土的微结构模型大多是针对重塑土或扰动土建立起来的，而对于结构性土建立的微结构模型不多，具有代表性的主要有以下两个模型。

（1）苗天德等[91]基于微结构突变失稳假说，给出了一个完整失陷变形黄土的本构模型。此模型的增量本构形式为：

$$d\varepsilon_v = a\Phi(1 - \cos\theta)N(R)dR \tag{1-1}$$

$$d\varepsilon_d = b\Phi\theta N(R)dR \tag{1-2}$$

式中，a，b 为考虑到实际土体孔隙和模型结构的差别而引入的两个变形调整因子，它们是含水量和应力状态的函数；R 为孔隙半径；Φ 为孔隙率，$\Phi = \dfrac{(1 - \sum \Delta V)e_0}{1 + (1 - \sum \Delta V)e_0}$；$N(R)$ 为孔隙分布函数，满足 $\int_0^{R_{\max}} N(R)dR = 1$；$\theta$ 为微结构突变角度；$\sum \Delta V$ 为总的体积改变；e_0 为初始孔隙比。

（2）王常明等[92]研究了软土固结过程中微结构参数的变化，提出了微观结构因子 M 的概念，并用其构造了一个反映变形本质的固结蠕变本构模型，为流变学的深入研究提供了一个新的途径。其本构模型表达形式为：

$$\varepsilon = \left[aM_0 \left(\frac{t}{T} + 1 \right)^{-\frac{\beta\sigma}{P}} - b \right] \ln \frac{t+T}{T} \qquad (1-3)$$

式中，$P=1\text{kPa}$；$T=1\text{min}$；t 为荷载持续时间；M_0 为初始微观结构因子；M 为微观结构因子；M 值综合反映了微观结构的特征，它是通过微结构单元体的分维数与定向度的比值加以求取的；a，b 分别为时间效应系数 α 和微观结构因子 M 关系直线上，即直线方程 $\alpha = aM - b$ 的斜率和截距；β 为这种变化规律在以 $\ln M - \frac{\sigma}{P}\ln\left(\frac{t}{T}+1\right)$ 坐标系中直线的斜率。

1.2.6.2 固体力学的研究方法

沈珠江、章为民[93]最早提出了土体的损伤理论，首先定义了一种理想原状土（可认为是天然沉积土）和一种理想的完全损伤土（可认为是重塑土）。而实际土体的变形和破坏可视为原状土到损伤土的演变过程。沈珠江等[94]基于损伤理论并针对结构性黏土提出了复合体模型及堆砌体模型，其中复合体模型包括弹塑性损伤模型[95]、非线性弹性损伤模型[96]和弹黏塑性损伤模型[97]。

美国著名学者 C. S. Desai 提出了扰动状态概念（Disturbed State Concept, DSC）的思想，是一种针对材料的受力扰动而发展起来的本构模拟方法。它不但可以模拟材料的损伤还可以模拟材料的强化，从而弥补了损伤理论的缺陷。C. S. Desai[98]首先把扰动状态概念用来建立材料的本构模型，并相继有学者把其应用到无黏性土[99]、砂土[100]、黏性土[101]、不同土体的界面[102,103]等，得到了良好的效果。

M. Rouainia 等[104]提出在剑桥模型上再加上两个屈服面的气泡模型来建立土的结构性模型。W. H. Gu[105]通过在剑桥模型屈服面内的一个小盖帽的移动来描述土结构的动态变化与破坏。

1.2.6.3 土力学的研究方法

土力学的研究方法是利用土的单轴压缩试验、三轴剪切试验、动三轴试验等室内试验，得到能反映土的结构性的定量化参数，从而建立起结构性参数与土的物理力学参数间关系的一种方法。

M. D. Liu 和 J. P. Carter 提出了考虑土结构性影响的土的压缩曲线方程[106,107]，在传统的基于重塑土的压缩曲线方程上增加了一个附加的压缩增量。饶为国等[108]引入谢定义提出的"综合结构势"概念到剑桥模型中，对剑桥模型进行了修正。

谢定义等[109]以三轴试验为基准值，提出在三轴应力条件下的应力-应变关系，其本构关系由结构性变形本构关系和结构性强度本构关系两部分组成。

（1）结构性变形本构关系为：

$$\varepsilon_i = \overline{\varepsilon} \times \left(A_\sigma \frac{\overline{m_\sigma}}{m_{\sigma i}} - B_\sigma \right) \tag{1-4}$$

或

$$\varepsilon_i = \overline{\varepsilon} \times \left(A_q \frac{\overline{m_q}}{m_{qi}} - B_q \right) \tag{1-5}$$

式中，$\overline{\varepsilon}$ 为三轴试验得到的应变的基准值；$\overline{m_\sigma}$ 为对应球应力 σ 的综合结构势基准值；$\overline{m_q}$ 为对应偏应力 q 的综合结构势基准值；$m_{\sigma i}$，m_{qi} 分别为不同应力水平下对应球应力和偏应力的综合结构势大小；A_σ，B_σ，A_q，B_q 为待定参数。

（2）结构性强度本构关系为：

$$\tau_{fi} = \overline{\tau_f} \times \left(A_f \frac{\overline{m_q}}{m_{qi}} - B_f \right) \tag{1-6}$$

式中，$\overline{\tau_f}$ 为基准的三轴试验对应于（$\overline{\sigma_1}$、$\overline{\sigma_{3f}}$）应力状态的抗剪强度；A_f，B_f 为选定参数。

王立忠等[110]利用沈珠江提出的损伤比对邓肯-张模型进行了修正，将适用于重塑土的邓肯-张模型可在具有结构性的原状土的工程领域内同样适用。冯志焱[111]、陈昌禄等[112]、骆亚生等[113~115]利用谢定义提出的"综合结构势"对邓肯-张模型进行了修正，使其在研究黄土的湿陷性领域得到应用。

雷华阳[116]、姚攀峰等[117]、马德翠等[118]通过大量试验建立了一种海积软土的结构性双硬化模型。参考谢定义的综合结构势 m_p 定义，但考虑 m_p 只是在压缩试验中求得的，难以反映土的偏应变硬化过程。因此，引入了用微型贯入仪对土在各种受力状态下的贯入强度为结构性参数，其表达式为：

$$m = m_c / m_0 \tag{1-7}$$

式中，m_0 为天然软土的贯入强度；m_c 为不同偏应变下剪切面上的贯入强度。

上述众多土的结构性本构模型在实际中得到了一定程度的应用，且取得了较好效果，但仍存在较多的缺陷，限制了其在实际工程中的大量应用。一个模型能否得到应用推广，其关键在于模型的合理性、模型的适用性以及模型参数求取的简易性。只有这样，才能在工程实际中得到应用，从而能更好地为实际工程的计算与设计服务。

1.2.7　研究进展评述

目前，对于烧结法赤泥工程特性中的物理力学特性、化学特性、综合利用等做了大量研究，其中又以烧结法赤泥胶结特性的微观机理研究最为丰富，大量学者运用一系列微观分析手段对烧结法赤泥的化学成分、矿物组成和微观结构进行了测定，研究了烧结法赤泥胶结硬化的微观机理；以此为基础，探讨了利用烧结法赤泥的胶结特性在筑坝、制造水泥、烧砖等方面综合利用的可能性，并取得了一定程度的成果。

对于拜耳法赤泥来说，其工程特性与烧结法赤泥完全不同，研究的侧重点也有所区别。现有文献主要围绕拜耳法赤泥的含水量大、渗透性差、难堆存、易溃坝等工程特性进行了大量研究，但关于对如何解决拜耳法赤泥堆存困难这个难题的研究成果相对较少，现仍是困扰赤泥堆场安全、经济运行的一大难题。另外，国内外学者对拜耳法赤泥的综合利用进行了大量研究，并取得了较多的研究成果，如用作建筑材料、吸附剂、催化剂等。

按照一定配合比混合烧结法赤泥和拜耳法赤泥的堆存方法，是为了解决拜耳法赤泥堆存难题而提出的一种新的堆存工艺。其主要是利用烧结法赤泥的胶结硬化特性来提高赤泥堆体的稳定性，以达到安全堆存拜耳法赤泥的目的。现有文献关于混合赤泥工程特性的研究较少，对混合赤泥堆存过程中其宏观力学特性和微观结构组成的变化规律认识几乎没有，需要对混合赤泥的力学特性、微观结构组成、水力学特性、本构关系、赤泥堆体的稳定性等方面进行更多系统的研究，为混合赤泥在原有拜耳法赤泥堆体上继续向上安全堆存提供一定的理论依据。

1.3　研究目的与主要研究内容

1.3.1　研究目的

本书作者在充分了解中国铝业贵州分公司赤泥堆场工程、水文地质条件、堆存历史和发展趋势的基础上，以该公司排放的烧结法赤泥和拜耳法赤泥按照配合比1∶1混合的混合赤泥为研究对象，进行混合赤泥的物理参数测试、无侧限抗压强度试验、三轴剪切试验（CD）、压缩固结试验，确定混合赤泥在不同堆存工况下其力学特性的变化规律，并通过一系列微观检测手段（SEM、XRF、XRD）分析了其强度特性变化的微观机理；以此为基础，提出了混合赤泥滤水过程的结构性定量化参数，并利用其修正了邓肯–张模型。同时，通过水力特性循环试验（TRIM）得到了烧结法赤泥、拜耳法赤泥和混合赤泥的土–水特征曲线和渗透系数曲线；以此为基础，利用有限元软件对不同降雨工况下、不同堆存高度赤泥堆体的稳定性进行了分析。

本书针对赤泥堆场堆存困难的现状，以现场调研和室内试验为研究手段，分析了混合赤泥在现有拜耳法赤泥库上继续堆存的可能性，为解决拜耳法赤泥堆存困难这一难题提供了一种新的堆存工艺，对于有效安全利用现有赤泥堆场、实现赤泥堆场周边环境保护具有重要的理论和实践意义。

1.3.2　主要研究内容

本书主要研究混合赤泥在堆存过程其强度特性的变化规律及其胶结强度产生的微观机理，为赤泥堆体的稳定性提供理论依据。本书主要研究内容如下：

（1）在充分了解全国赤泥堆场基本特征的基础上，对中国铝业贵州分公司赤泥堆场的水文地质条件、堆存历史以及未来发展趋势进行了详细的调研。针对本书的研究目的，选取了赤泥堆场具有代表性的试验试样。

（2）通过无侧限抗压强度试验、三轴剪切试验（CD）分别对自然风干、浸水浸泡、干湿循环三种工况下，龄期分别为 1d、7d、28d、70d、120d 混合赤泥的无侧限抗压强度、抗剪强度指标进行了测定，研究了混合赤泥在堆存过程中胶结强度的形成规律。

（3）通过 X 射线荧光光谱分析（XRF）、X 射线衍射（XRD）、扫描电子显微镜（SEM）等微观研究手段，分析了自然风干工况下 5 个龄期混合赤泥的化学成分、矿物组成、微观结构的变化规律，从微观角度揭示了混合赤泥胶结强度产生的微观机理。同时，在分析混合赤泥胶结强度形成的物理化学反应的基础上，通过对已风干硬化的混合赤泥浸酸后测定其无侧限抗压强度和抗剪强度的变化规律，研究了碳酸钙矿物质对混合赤泥胶结强度形成的作用机理。

（4）露天堆存的混合赤泥在雨水冲刷的作用下，堆体容易发生溃坝。基于此，利用非饱和土瞬态水力特性循环试验系统研究了烧结法赤泥、拜耳法赤泥和混合赤泥在脱湿-吸湿干湿循环条件下的水力特性，得到了三种赤泥的土-水特征曲线（SWCC）和渗透系数曲线（HCFC），为赤泥堆体在降雨-干燥、饱和-非饱和条件下的稳定性提供理论依据。

（5）在得到混合赤泥不同堆存工况下应力-应变曲线的基础上，提出了非饱和混合赤泥的结构性参数 m_c，并利用其对邓肯-张模型进行了修正，同时得到了邓肯-张模型参数 K_c、n_c、c_c、φ_c 与脱水龄期 t 的拟合关系曲线，推导了切线弹性模量 E_{ct} 与龄期 t 的关系表达式。

（6）对在原有拜耳法赤泥堆体上继续堆存干法混合赤泥的堆体的稳定性进行了研究。对赤泥堆体进行科学简化后，建立了计算赤泥堆体稳定性的有限元模型。结合当地多年实际气象资料，按照饱和-非饱和渗流和强度理论，计算了不同降雨工况下、不同堆存高度赤泥堆体的安全系数，为混合赤泥继续安全向上堆存提供一定的理论依据。

2　实际工程概况及样本采集

　　中国铝业贵州分公司是我国氧化铝生产历史比较久远的企业，其氧化铝生产工艺及生产水平均位于我国氧化铝企业的前列。由于贵州省特殊的喀斯特岩溶地貌，给赤泥堆场的选址及修建带来了较大的难题。该公司赤泥堆场特殊的水文地质条件，堆存历史等均具有一定的代表性。因此，为了更好地了解本书的研究意义、研究目的，在论述了我国赤泥堆场基本堆存工艺及赤泥渗漏对周边环境影响的基础上，对该公司赤泥堆场的工程地质、水文地质条件进行了详细的勘察调研，并在对其赤泥堆场堆存历史回顾的基础上，对其未来发展趋势进行了展望，为赤泥堆场的可持续发展提供了一定的理论依据。

　　由于氧化铝生产工艺的不断更新，产生的赤泥类型也不断变化，赤泥堆场排放了各种不同时间段、不同类型的赤泥。试验试样的选取关系着本书研究目的能否实现，因此，在充分了解中国铝业贵州分公司现有赤泥堆存历史、咨询现场工作人员的基础上，取得了能够支撑本书研究目的，且具有代表性的赤泥试样，以确保本研究的顺利进行。

2.1　赤泥的基本特征

2.1.1　赤泥的分类

　　目前，有色金属已成为决定一个国家经济、科学技术、国防建设等发展的重要物质基础，是提升国家综合实力和保障国家安全的关键性战略资源。作为有色金属生产第一大国，我国在有色金属研究领域，特别是在复杂低品位有色金属资源的开发和利用上取得了长足发展。我国氧化铝工业取得了快速发展，已成为世界上最大的氧化铝生产国，其中 2014 年氧化铝产量已超过 4770 万吨。随着生产规模的不断扩大，工艺技术朝着短流程和低能耗的方向发展，同样铝业矿渣的产生量也不断扩大，且随着氧化铝生产工艺的不同，尾矿废渣——赤泥的物理力学特性有较大的差异。

　　炼铝工业的原料一般为铝土矿，对铝土矿的有效成分氧化铝进行提取后剩余的矿物残渣即为铝业尾矿，通常称为赤泥。赤泥中含有大量的硅、铁、钙等元素的氧化物，因其中包含氧化铁而呈红色，故称为赤泥或者红泥。目前，氧化铝的生产工艺主要有拜耳法、烧结法和联合法三种，相应产生的赤泥分别为拜耳法赤泥和烧结法赤泥，还有一种就是将两种赤泥按照一定配合比混合后排放的混合赤泥。不同氧化铝生产工艺产生的赤泥，由于氧化铝提取过程中，采用的工艺流程不同，导致产生的赤泥的物理力学特性、化学特性等均有较大区别，且赤泥的工程特性与一般粉质黏土的工程特性也有较大区别，这将在第 3 章中进行详细叙述。

拜耳法是由奥地利化学家拜耳（K. J. Bayer）于 1889~1892 年发明的一种从铝土矿中提取氧化铝的方法。采用拜耳法生产工艺提取氧化铝后，产生的尾矿渣为拜耳法赤泥。拜耳法赤泥的颗粒较细，工程特性类似于粉质黏土，含水量较大，渗透性差，抗剪强度低且固结时间较长。

烧结法氧化铝生产工艺现在工业上主要采用碱石灰烧结法，它所处理的原料有铝土矿、霞石和拜耳法赤泥等。采用烧结法生产工艺提取氧化铝后，产生的尾矿渣为烧结法赤泥。烧结法赤泥的颗粒相对拜耳法赤泥较粗，砂粒含量较大，从生产线出来时也为软泥状态，但在堆存过程中随着滤水过程的进行固结硬化，具有一定的水硬性。

根据铝土矿化学成分与矿物组成以及其他条件的不同，将拜耳法和烧结法两者联合起来的工艺流程称为联合法生产工艺流程。联合法又分为并联联合法、串联联合法与混联联合法，其产生的赤泥的工程特性与纯拜耳法赤泥和烧结法赤泥都有一定的区别。

混合赤泥是将拜耳法赤泥和烧结法赤泥按照一定的配合比混合后堆存的赤泥，其目的是利用烧结法赤泥的水硬特性来解决拜耳法赤泥的堆存难题。混合赤泥中由于含有大量的烧结法赤泥，在堆存过程中可发生一系列物理化学反应，具有一定程度的水硬特性，使堆体具有一定的稳定性。

2.1.2 赤泥的堆存工艺

根据赤泥堆场地形条件的不同，尾矿库主要可以分为四类，分别为山谷型、平地型、山坡型、截河型等[119]。山谷型是在山区和丘陵地区利用三面环山的自然山谷，在下游谷口地段一面筑坝，进行拦截形成尾矿库。山谷型尾矿库的主要优点是坝体工程量相对较小、初期坝长度相对较短；后期尾矿坝的管理和维护相对容易，当堆积坝高度较高时，可获得较大的库容；库区纵深较长，澄清距离及干滩长度易于满足设计要求。其主要缺点是汇水面积较大，排水设施工程量大。据统计，中国铝业贵州分公司赤泥堆场、郑州铝厂赤泥堆场、山东铝业公司第二赤泥堆场等大中型赤泥堆场均采用山谷型尾矿库。

我国山谷型尾矿库绝大多数采用湿法输送堆存和上游法筑坝工艺，即从下游山谷开始筑初期坝，排放尾矿浆；以后逐级加高子坝，上游依托环形山形成库区，库区底部是尾矿沉积层，表面形成水深数米至十几米的尾水库池。上游库水向下游渗流，在坝体内部形成浸润线，汛期浸润线抬高，浸润线一旦超过安全高度或子坝渗流溢出点太高，就会发生滑坡等险情。几十年来，尾矿库溃坝事件时有发生。据统计，约80%以上的水库、冶金尾矿库及火电厂贮火库失事大多与水有关，或因浸润线过高发生管涌或因库水漫顶引发溃坝或因库区排水系统失效洪水为害等，可以认为水的问题是影响水库、尾矿库、贮火库安全的最重要因素。

赤泥是生产氧化铝过程中产生的一种具有强碱性的、含有大量活性氧化物、矿物组成极其复杂的一种固体矿渣。赤泥的主要化学成分中氧化铝、氧化铁和氧化硅等物质含量较大。赤泥作为氧化铝产业的附带产物，不同氧化铝生产工艺产生的赤泥类型也有较大差别，赤泥种类主要有两种，分别为烧结法赤泥和拜耳法赤泥，且两种赤泥的工程特性有较大区别。拜耳法赤泥刚出厂时含水量大、粒度细小、渗透性差，因此需要的固结时间较长，其工程特性类似于粉质黏土。烧结法赤泥的工程特性则与拜耳法赤泥相反，其粒度相对较粗，渗透性较好，刚出厂时也为流塑状态，但其在脱水干燥过程中胶结硬化，其强度甚至可达低强度混凝土级别。

由于赤泥的强碱性，在资源化再利用方面受到较大的限制。过去一些国家曾经采用排海法（把赤泥排入深海的方法）处理赤泥。现在随着环境保护意识的加强，排放赤泥的方法有了较大的改进。目前大多采用露天堆放，并由湿法堆存向干法堆存过渡[120,121]。露天筑坝堆存是我国现处理赤泥的主要方法，而且将来仍然是我国处理大量废弃赤泥的主要方法。陆地堆存赤泥主要有两种方式：一种是赤泥的湿式堆存，即赤泥以泥浆状态从工厂输送到堆场堆存，赤泥的废液（回水）再返回氧化铝厂使用；另一种是赤泥经过压滤机压滤到一定含水量后，通过皮带输送到赤泥堆场实施干式堆存。湿法堆存不需要对赤泥浆体进行预处理，直接通过管道输送到赤泥堆场，输送比较容易，但存在堆体的稳定性较差、有效库容较小等问题。干法堆存赤泥需要在堆存前利用过滤浓缩设备对赤泥进行浓缩处理，达到堆存比较理想的含水量，工艺复杂，处理费用高；但其工程特性好，筑坝简单，稳定性高，有效库容大。下面就赤泥不同堆存工艺进行详细叙述。

2.1.2.1 赤泥的湿式堆存

赤泥的湿式堆存方法（见图2-1）主要有传统的利用自然冲沟湿湖堆存法、废弃矿井充填法、地下排水法和平地筑坝堆放法等。其中，湿湖堆存法的处理工艺主要是赤泥浆从氧化铝厂通过管道泵送到赤泥堆场后，浆体中的赤泥固体颗粒在自重的作用下与液体赤泥附液自然沉降分离，碱性较高的上层赤泥附液通过溢流管（井）收集后重新泵回到氧化铝生产流程再次重复利用，减少碱水的添加量, 有利于节约成本和保护环境。地下排水法主要采用砂床过滤技术, 加快赤泥浆体的排水干燥, 沉降性能较差的细颗粒赤泥比较适于采用这种堆存方法。废弃矿井充填法由于受到运输距离的限制, 虽然在其他冶炼、选矿行业尾矿处理上已有应用, 但在赤泥堆存工艺中的应用相对较少。

图 2-1 赤泥的湿式堆存

为了避免赤泥渗滤液渗漏污染地下水源, 赤泥采用湿法堆存时堆场底部应采用完全密封且符合防渗等级的防渗措施来避免赤泥附液的渗漏[2]。通过对赤泥附液的澄清分离和回收再利用, 有利于减少碱水用量, 改善氧化铝厂的水平衡、降低碱的消耗, 节约成本。同时, 也可以降低赤泥附液渗漏对周边水资源和土壤的污染。大多数氧化铝厂将赤泥堆场分成多个具有自然倾斜度的区间, 通过输送管道将赤泥浆体泵送到各个区间, 赤泥浆体通过自然沉降, 固液分离, 上层赤泥附液再通过管道泵回氧化铝厂, 经处理后再次进入生产流程; 还有些氧化铝厂在堆场周边构筑大量的排水沟和流水通道, 将聚集在赤泥表面的雨水引入集水池进行汇集后处理或返回工厂再次利用。为了增加堆场库容, 通常在赤泥堆场周边筑造围堤或隔离坝, 同时防止赤泥污染区域扩大。

2.1.2.2 赤泥的干式堆存

赤泥干式堆存技术 (见图 2-2) 相对于湿式堆存技术具有降低碱耗、减轻对周边环境污染的优势, 是赤泥堆存工艺的一大进步。赤泥干式堆存技术是由德国学者最早提出的, 澳大利亚墨尔本大学在此基础上进行了深入的理论研究, 后经美国铝业公司澳大利亚分公司和德国联合铝业公司的开发, 现已为世界上众多氧化铝厂采用, 中国铝业广西分公司 (原平果铝厂) 是我国最早采用此种赤泥堆存方法的氧化铝厂。

干式堆存的基本工艺流程是: 利用深锥高效沉降槽将多次洗涤的赤泥进行沉降分离, 得到高固体含量 (30%~40%) 的赤泥底流, 再经转鼓过滤机或其他设备进一步脱水, 使固体含量提高到55%左右, 赤泥滤饼经过机械剪切降黏, 黏度降低至原来的1/10左右, 最后用活塞泵或隔膜泵运送到赤泥堆场。

近年来, 随着科学技术的发展和对环境保护意识的增强, 一些氧化铝厂采用

图 2-2　赤泥的干式堆存

高压过滤系统对输送到堆场附近的赤泥进一步过滤，得到的赤泥固体含量约为75%，再通过皮带输送机或重型卡车将赤泥运送到赤泥堆场。这种高固体含量赤泥堆积处理的优点是可以堆放在平地和山坡上，堆场可以就地进行环境美化，压实后赤泥的渗透率一般非常小，沉积区的赤泥底部防渗密封处理费用下降。同时，可以有效地减少堆场占地面积，有利于堆场周边环境的保护，降低赤泥附液渗漏对环境的污染。基于以上优点，干法压滤堆存赤泥是目前处理赤泥的措施中较好方法之一。

2.1.2.3　赤泥的混合堆存

基于拜耳法赤泥堆存困难、堆体的安全性能差等缺点，烧结法赤泥的水硬性、自稳能力强等优点，提出了将拜耳法赤泥与烧结法赤泥混合堆存的堆存工艺。这里的"混堆"是指利用工程特性好、具有胶结强度的烧结法赤泥筑坝或筑初期坝，内放含水量大、强度低的拜耳法赤泥或用拜耳法赤泥筑初期坝上面的各级子坝的方案。该混堆方案是介于湿法堆存和干法堆存两者之间的方法，既可以体现两者的优点，又可以避免两者的缺点，在实际工程中已得到一定程度的利用，且取得了较好的经济效益。图 2-3 为"混合"筑坝示意图。

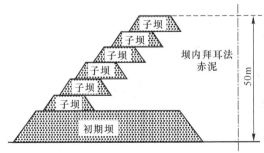

图 2-3　"混合"筑坝示意图

2.1.3　赤泥对环境的影响

赤泥及其附液中主要含有碱、氯化物等污染物质，赤泥的 pH 值在 8.5~13 之间。赤泥对堆场周边环境的影响主要表现在以下几个方面：（1）对水环境的污染，使水域的 pH 值增大、浮游物及有害杂质含量超标；（2）对土壤环境的污染，大量的土地和农田被赤泥所占用，极易造成土地的沼泽化和盐碱化；（3）赤泥堆场表层赤泥干燥尘土飞扬，引起堆场周围的大气污染等。

2.1.3.1　对水环境的污染

赤泥的主要污染物是碱、氟化物和含铝离子等[122]，这些污染物经各种途径渗入地下水，并随着食物链或经长期直接饮用已污染的地下水造成各种污染离子进入人体，并在人体内富集，进而影响人的身体健康。

一般情况下，碱对人体的危害并不是直接的，表现在：一方面，碱度高的污水渗入地下水或进入地表水，导致水体的 pH 值升高，超出国家规定的最低标准，造成水污染；另一方面，水中化合物的毒性常常受到 pH 值的影响。一般认为碱含量为 30~400mg/L（$CaCO_3$）是公共水源的合适范围，而赤泥洗水的碱度较高，其中较大量的碱性液体进入水体，对水体造成很大的污染。

赤泥经洗涤和浓缩后被输送到赤泥堆场，通常仍含有 2.5%~5.0% 的 Na_2O[120]，有的 Na_2O 含量甚至超过 7%，赤泥中携带的废液会逐渐渗入地下，导致地下水的 pH 值显著升高、铝盐及其他有害杂质含量超标，使堆场周围的水体受到严重污染，如图 2-4 所示。一些国家因无堆放场地就把赤泥倒入河流、湖泊或海洋，使水质直接受到污染，严重危害水生物的生存条件，并影响水资源的充分利用。另外，赤泥堆场中大量的赤泥经过雨水的冲刷和浸渍，赤泥本身的分解，再加上渗滤液和其他有害物质的转化和迁移，将对堆场周边的河流及地下水造成严重的污染。向水体中倾倒固体赤泥还会造成江河湖面有效面积的缩减，导致其排洪和灌溉能力下降。

(a)　　　　　　　　　　　　　　　　(b)

图 2-4　赤泥渗滤液渗漏（a）和 pH 值（b）

2.1.3.2 对大气环境的影响

由于赤泥的粒度极细且含有碱，赤泥堆场中干燥部分在风的吹动下以尘埃的形式进入大气中，加大了空气的含尘量，从而对大气环境造成污染[123]。据研究表明：当发生四级以上的风力时，在赤泥堆体表层粒径 1.0~1.5cm 的粉末将出现剥离，其飘扬的高度可达 20~50m。赤泥中的碱等有害成分可以抑制植物的生长和发育，在缺少植被的地区，则将因侵蚀作用而使土层的表面剥离。

2.1.3.3 对土壤环境的影响

一个氧化铝厂每年产出多达数百万吨赤泥浆，赤泥浆庞大的体积和强腐蚀性是赤泥弃置的难题，赤泥的堆存将占用大片的土地资源[2,3]。赤泥及其附液、渗滤液中含有大量的有害物质，会改变周边土壤的性质和结构，导致大面积的土壤沼泽化和盐渍化，并对土壤中的微生物造成有害影响。赤泥中污染物质的存在，不仅造成植物根系生长和发育缓慢，还会在植物有机体内累积，并通过食物链到达人体内部，危害人体健康。图 2-5 为赤泥对大气和土壤的影响。

(a)　　　　　　　　　　　　　　　(b)

图 2-5　赤泥对大气（a）和土壤（b）的影响

2.2　中国铝业贵州分公司赤泥堆场概况

中国铝业贵州分公司赤泥堆场位于贵阳市白云区大山洞南面约 5km 处，东行约 2km 到曹关村。该公司氧化铝一期工程于 1977 年建成投产，与此配套的原赤泥堆场也同时建成投入使用；从投产到现在，已排放的赤泥总量累计高达千万立方米，目前氧化铝年产量约 100 万吨，每年（干）赤泥排出量约为 100 万立方米。随着经济的发展，该公司的氧化铝生产规模将继续扩大，每年排出的烧结法（干）赤泥量约为 450 万立方米，拜耳法（干）赤泥量约为 850 万立方米；扎塘赤泥堆场的高程现已达到 1349m 左右，到 1355m 防渗漏线仅还有 270 万立方米左右的库容，可供使用年限不到 2 年。

目前，中国铝业贵州分公司的赤泥堆场的库容已经接近极限值，不能再继续采用湿法堆存赤泥。为了保证氧化铝生产的继续进行，必须提出有效措施解决赤泥的堆存难题。另外，环境污染和运行安全是该公司赤泥堆场面临的重大问题。基于上述原因，本章在了解中国铝业贵州分公司堆场工程地质条件、水文地质条件的基础上，回顾了赤泥堆场的堆存历史，对未来堆场发展趋势进行了展望，为堆场的可持续发展提供一定的理论依据。

2.2.1 堆场工程地质条件

2.2.1.1 气象、地震

中国铝业贵州分公司赤泥堆场气象条件为：场区属于亚热带，气候特点为冬季寒冷干燥，夏季湿润，四季分明。其主要气候要素为：多年平均气压为 87.18kPa；多年平均气温为 13.4℃，极端最高气温为 31.6℃，极端最低气温为 -7.3℃；最热月为 7 月，平均气温为 22.6℃；最冷月为 1 月，平均气温为 2.7℃；年平均相对湿度为 83%；年平均风速为 2.5m/s；多年盛行风向及频率为 NNE16%；最大积雪深度为 12cm[124]。

该公司赤泥堆场地震烈度划分为：根据国家地震局、建设部震法办（1992年）关于发布《中国地震基本烈度区划图》（1990年），《贵州地震烈度区划图》的通知及附件，该赤泥堆场属于Ⅳ度地震烈度区[125]。

2.2.1.2 地形地貌

贵州处于我国西南连片岩溶地区的核心部位，它不仅是贵州地质生态环境的主体，更是全球罕见的"喀斯特博物馆"，并以脆弱的环境形态，多样的环境类型和鲜明的特色扬名海外。根据形成岩溶物质基础，碳酸盐岩的不同和地貌类型的差别，以主体地貌形态为依据，贵州连片岩溶地貌大致可分为三个区，即黔中—黔西南岩溶峰林区（Ⅰ），黔南—黔西北岩溶峰丛区（Ⅱ），黔北—黔东北岩溶丘丛——峰丛区（Ⅲ）。

赤泥堆场位于溶丘谷地与槽谷之间的峰林丛区，在库区范围内，地形起伏大，扎塘溶蚀洼地底部的高程最低，为 1300m，库区北面山峰高程最高，为 1436m，相对高差为 141m。地貌上属于黔中喀斯特峰丛山区，山峰高程 1360～1436m，在峰丛之间发育了一系列洼地与落水洞，分布高程 1304～1355m。

2.2.1.3 地质构造

中国铝业贵州分公司赤泥堆场处于贵阳—遵义南北构造带上，地层、山脉走向与构造线方向相接近，呈南北分布。赤泥堆场位于大山洞扎塘溶丘谷地与长冲岩溶槽谷之间的峰林丛中。

赤泥堆场区位于马家寺背斜东翼，有数条断层发育，下面对其进行介绍。

A　褶皱

马家寺背斜，轴向南北。轴部出露摆佐组地层，东翼地层出露完整，产状较平缓，岩层倾角 $10° \sim 40°$；西翼被南北向的断层 F_1、F_2 破坏，地层出露较零乱，岩层产状较陡，倾角 $30° \sim 60°$。由于构造作用马家寺背斜周围有数条沿着构造线方向南北走向的向、背斜产出。

B　断裂

F_1、F_2 断层：位于库区西面的南北向逆断层，F_1 断层与 F_2 断层相距 $50 \sim 100m$，它们之间夹有一套龙潭组煤系地层，为库区的西面隔水边界。

F_3 断层：是一条北西向平移断层，倾向北东，倾角陡立，走向 $120° \sim 160°$，水平错距达 $170m$，该断层东起 3 号库西侧，经陆家湾丫口向西北一直延伸至长冲 S313 泉一带。

F_5 平移断层：位于 6 号库东南 $300m$ 处，东西走向，加宽了梁山组地层。

C　节理发育情况

6 号库区南面 $110° \sim 290°$、$40° \sim 220°$、$75° \sim 225°$ 方向有三组节理发育，5 号、6 号库区东面 $80° \sim 260°$、$50° \sim 230°$ 有两组陡倾裂隙（倾角一般在 $70°$ 左右）发育，且局部还有顺层裂隙发育。

2.2.2　堆场水文地质条件

赤泥堆场水文地质调查区域北以麦架河、南以南门河、东以曹关—马堰大沟、西以百花湖和猫跳河为界，面积约 $60km^2$。

赤泥堆场位置较高，其地表水可向东、南、西三个方向排泄。向东，进入曹关—马堰大沟，再向北流入麦架河，然后向西汇入猫跳河；向南，进入南门河，再向西汇入百花湖；向西汇入百花湖和猫跳河；赤泥堆场地面水的最终排泄点为百花湖和猫跳河。猫跳河位于堆场西侧约 $4km$ 处，由南向北流入乌江，是区内最大的河流，也是最低侵蚀基准面，高程 $1108m$ 左右。堆场以北约 $5km$ 处的麦架河（又称为李官河）由东向西流淌，是猫跳河右岸的一条较大支流，在堆场西北方向的三岔河处汇入猫跳河，汇合处高程 $1101m$。

地下水以岩溶裂隙、管道水为主，伴和部分孔隙水。岩溶含水系统有：（1）下三叠系安顺组、大冶组岩溶含水系统，含水厚度大于 $400m$，出露井、泉点流量 $0.5 \sim 110.0L/s$，为岩溶裂隙-管道流，由北、南、西三个方向向长冲落水洞附近汇集，最终流入猫跳河；（2）下二叠系栖霞、茅口组灰岩含水系统，含水层厚度约 $180m$，井、泉点流量 $0.1 \sim 31.0L/s$，以岩溶裂隙-管道流为主，其流动方向一是从堆场区域向西南经老马寨流入百花湖，二是从堆场区域向西北方向经陆家湾再到长冲落水洞后汇入猫跳河。

上二叠系泥、页岩及砂岩地层为该区的相对隔水层，仅局部位置有裂隙下降泉出露，流量小。第四系松散堆积层中局部地段有空隙水出露，流量小于0.01L/s。

赤泥堆场东部 3 号、4 号库区坐落在上二叠系龙潭组泥、页岩上，隔水条件好，沿地下水通道向外泄漏的可能性小。西部 5 号、6 号库区坐落于栖霞、茅口组灰岩地层中，岩溶发育强烈。其东以龙潭煤系地层为隔水边界，西以马家寺背斜核部梁山组砂岩为隔水边界，构成一个由栖霞、茅口组组成的岩溶含水体系。其中，栖霞中、上段为主要含水层，栖霞下段和茅口组为次要含水层。由于该地区处于分水岭地带，地表排水条件好，致使地表岩溶发育，地下径流畅通，地表、地下水相互流通。从调查结果看，5 号、6 号库区落水洞非常多，大气降水可沿落水洞、竖井直接进入地下形成地下水，沿岩溶管道和裂隙分别向 6 号库东南方向的新塘水库、西南方向的老马寨、西北方向的陆家湾、长冲落水洞排泄，最后汇入百花湖和猫跳河。

2.2.3 赤泥堆场堆存历史

中国铝业贵州分公司的赤泥堆场位于白云区曹关村，距该公司本部约 8km。该赤泥堆场的建设经历了三个历史阶段。

第一阶段（1977~1987 年），修建 1 号初期坝和 2 号初期坝形成 2 号、3 号库池。1 号坝和 2 号坝采用黏土筑坝，坝高约 20m，坝顶高程 1325m，后经两次加高（均用黏土筑坝）到达约 1331m 高程，2 号、3 号库池内排放拜耳法赤泥。

第二阶段（1987~2007 年），采用烧结法赤泥水泥充填的筑坝方式，逐级修建 3 号坝和 4 号坝，在扎塘堆场形成了 5 号、6 号库池，库池内排放拜耳法赤泥。原设计 3 号坝和 4 号坝（烧结法赤泥筑坝）从约 1330m 高程往上游方向逐级筑坝，拟上升到 1355m 高程后作闭库处理。2007 年中期，3 号坝和 4 号坝已经上升到 1355m 的原设计闭库高程。至此，一期赤泥堆场 2 号、3 号库池及二期扎塘赤泥堆场 5 号、6 号库池，已累计贮放赤泥的库容总量估计为 1600 万立方米。

第三阶段（2007~2010 年），2007 年上半年赤泥堆场 3 号坝和 4 号坝即将到达原设计闭库高程 1355m，但此时尚未确定新赤泥堆场库址。该公司决定继续加高 3 号坝和 4 号坝到 1370m，以满足生产要求。然而，继续加高 3 号坝和 4 号坝面临着困难：（1）若仍然采用烧结法赤泥水力充填筑坝工艺，烧结法赤泥的量已不能满足坝体上升速度和安全的要求，曾数次发生干滩长度不足的情况；（2）5 号、6 号库池依靠原先的浮船泵回水不能满足防洪需要；（3）库区周围山峰之间不到 1370m 高程的谷底要修筑副坝。为此，进行了 3 号坝和 4 号坝加高设计，5号、6号库池的排洪系统重建方案设计，以及5个库区副坝的设计。其中3号坝和4号坝坝体加高采用巨型土工编织袋袋装烧结法赤泥坝型，分三级子坝，排洪系统采用排洪斜槽和混凝土排水涵管系统，副坝设计为浆砌石坝。该阶段最终坝高为1370m，赤泥堆场累计库容总量约为2200万立方米。

2.2.4 赤泥堆场发展趋势

铝工业是国民经济的基础产业，中国铝业贵州分公司是我国最早的铝业生产基地之一，也是西南边陲贵州省的支柱产业之一。几十年来该公司为国家建设和西南地区的发展做出了重大贡献，同时也解决了当地几万人的就业和几十万人的生计问题，它对经济发展相对滞后的贵州省而言颇为重要。但随着制铝工业的迅速发展，赤泥量也随着大量产生。因此，该公司面临着一个严峻的问题，就是现有赤泥堆场的库容已经接近饱和，不仅需要增高现有坝体，而且还需要修筑新的赤泥坝。

按常规和原设计，该赤泥堆场已达到退役年龄，中国铝业贵州分公司也已在多年前就着手筹划新库的选址和规划工作。2007年7月昆明有色冶金设计院受该公司的委托，提出《新建赤泥库工程可行性报告》，报告所选鹅颈冲赤泥库的服务年限为20多年，但其存在着征地费用高（4.89亿元）、总建设费用高（10.05亿元）、征地难度大（涉及大量可耕地的征用）、环境保护难度大（岩溶发育且距猫跳河仅1.4km）等问题，无疑，新库的规划、设计、建设直至投入实际运行，将是许多年以后的事。但是近几年，甚至是十几年时间内，中国铝业贵州分公司的生产需要赤泥库，这是一个无可回避又很急迫的难题，若不予以解决，该公司则将面临难以持续发展的严重后果。

中国铝业贵州分公司赤泥堆场前三十年均采用湿法堆存拜耳法赤泥。随着赤泥存放量逐渐增大，赤泥子坝也随着越筑越高，赤泥库的有效库容逐渐减小，库区汛期调洪功能也逐渐减弱，整个库区的安全裕度也将减小。随着坝体升高，继续采用湿法堆存，风险会越来越大。基于上述堆存现状，中国铝业贵州分公司就如何在原有赤泥堆场上进行扩容，于2009年委托河海大学对其进行了试验研究，提出了《赤泥堆场大规模干法整体扩容试验研究》报告。该报告中提出将该公司传统的湿法堆存工艺改为干法堆存，经室内试验、现场试验验证赤泥堆场采用干法堆存工艺极大地提高了赤泥堆体的安全性和稳定性，同时又有效地减轻了因赤泥附液渗漏对周边环境的影响，从根本上降低了水的危害，降低了赤泥溃坝的可能性。

不同氧化铝生产工艺产出的不同类型的赤泥无论外观形态还是微观结构等方面均存在较大的差异，这使得不同类型赤泥具有各自特定的物理力学、化学特性。烧结法赤泥具有水硬性，在露天堆存过程中由于化学成分的变化、生成水泥水硬性胶结矿物，强度较大，自稳能力较好；而拜耳法赤泥则由于粒度细小，含水率高，渗透性差，工程特性与淤泥相近，堆存困难。另外，烧结法生产工艺由于能耗高、经济效益低，现已逐步退出生产线；相反，拜耳法生产工艺由于能耗低、生产流程简单，被越来越多的生产厂家采用。基于上述两种赤泥工程特性，中国铝业贵州分公司提出了一种综合两种赤泥优点的堆存工艺，即将两者按照一定的配合比混合后进行堆存，利用两种赤泥的工程特性达到自稳。这种工艺通过试验、现场论证，取得了一定的经济效益，扩大了现有赤泥堆场的库容，同时也减轻了对周边环境的污染。这种利用烧结法赤泥的水硬性来解决具有堆存困难问题的拜耳法赤泥的堆存工艺，在未来的很长一段时间内会继续被相关企业认可、采用。

2.3　赤泥样品采集

目前，中国铝业贵州分公司主要排放烧结法赤泥和拜耳法赤泥按照配合比1∶1混合的混合赤泥，不再单纯地排放拜耳法赤泥和烧结法赤泥。基于本书研究目的，选取了大量刚出厂干法堆存的混合赤泥。为了对比混合赤泥微观结构组成和力学特性的不同，选取了堆场前期排放的、已经风干硬化的拜耳法赤泥和烧结法赤泥。

2.3.1　混合赤泥取样

基于拜耳法赤泥堆存困难的现状，中国铝业贵州分公司打破过去单纯排放拜耳法赤泥和烧结法赤泥的堆存模式，利用烧结法赤泥的胶结硬化特性来补足拜耳法赤泥难堆存的缺陷，经过多次室内试验与现场试运行，最终提出了采用将烧结法赤泥和拜耳法赤泥按照不同配合比混合后，通过压滤机压滤到一定含水率后排放到堆场，经推土机碾压后自然堆存的方法来堆存拜耳法赤泥。

经现场勘查并向赤泥堆场负责人了解赤泥排放情况，了解到中国铝业贵州分公司现排放的赤泥主要是烧结法赤泥和拜耳法赤泥按照配合比1∶1混合的混合赤泥，其堆存方法采用干法堆存和湿法堆存两种，如图2-6所示。

本书研究的主线是研究混合赤泥胶结特性形成机理及对其力学特性的影响，因此，在进行混合赤泥取样时，主要选取刚出厂干法排放的混合赤泥。选取的混合赤泥，在现场利用密封袋密封装好，用胶带缠紧，防止在运输过程中造成赤泥附液的侧漏，改变其初始状态。另外，由于混合赤泥在堆存过程中其化学成分、力学特性会发生变化，为了精确测定刚出厂混合赤泥的强度指标，必须在最短的时间内将试样运至实验室，利用校正过的试验仪器进行试验，且选择试验方法时也要考虑时间效应的影响。

(a)　　　　　　　　　　　　　　　(b)

图 2-6　两种不同堆存方式混合赤泥取样
（a）干法混合赤泥取样；（b）湿法混合赤泥取样

2.3.2　拜耳法赤泥取样

近年来，拜耳法生产氧化铝工艺由于能耗低、生产流程简单等优点，已被越来越多的氧化铝厂采用。经勘察证实，中国铝业贵州分公司赤泥库因过去长期采用湿法堆放拜耳法赤泥，现有库池内存放有大量的、未完全固结的、呈流塑状的饱和拜耳法赤泥。现该公司堆存方法已由湿法堆存升级为干法堆存，续堆的干法赤泥直接堆存于原有的软弱拜耳法赤泥堆体之上。因此，研究干法混合赤泥安全向上续堆堆体稳定性时，必须考虑下部软弱拜耳法赤泥在上部赤泥续堆过程中，上部赤泥给予下部软弱拜耳法赤泥以较大的荷载，促使软弱赤泥排水固结、给库池侧壁以较大的超静孔隙水压力，造成堆体发生较大位移，易发生溃坝等工程事故。因此，选取了部分拜耳法赤泥，通过一系列室内试验对其力学特性、水力学特性和微观结构组成进行了分析，其作用主要有三个方面：（1）与混合赤泥的微观结构组成形成对比，为从微观角度解释混合赤泥胶结硬化机理提供依据；（2）通过研究拜耳法赤泥的力学特性，突出混合赤泥堆存工艺的优越性；（3）对混合赤泥在原有拜耳法赤泥堆体上继续堆存时堆体的稳定性进行分析时，为堆体底部拜耳法赤泥提供计算参数。

经过现场勘察可知，现中国铝业贵州分公司已经停止排放纯拜耳法赤泥，在堆场取不到刚出厂拜耳法赤泥，只有排放一段时间且已脱水干燥的拜耳法赤泥。基于前人研究，拜耳法赤泥在堆存过程中其物理力学特性基本不发生太大变化，因此，拜耳法赤泥选取已经堆存一段时间且已干燥的试样，如图 2-7（b）所示。

2.3.3　烧结法赤泥取样

贵州铝厂所排放的混合赤泥是由烧结法赤泥和拜耳法赤泥按照配合比 1：1

的比例混合形成的，混合赤泥胶结强度的生成与烧结法赤泥的微观结构组成有直接联系，为了对比混合赤泥的微观结构组成，为解释混合赤泥胶结强度形成机理提供依据，在本次取样过程中选取了具有一定代表性的烧结法赤泥。在贵州铝厂赤泥堆场，纯烧结法赤泥同样已经不再排放，现场只有已堆放多年且已完全胶结硬化的烧结法赤泥。因此，本次烧结法赤泥取样，选取了部分块状且已完全固结硬化的烧结法赤泥，如图 2-7(a) 所示。

(a)   (b)

图 2-7　烧结法赤泥（a）与拜耳法赤泥（b）取样

2.4　本章小结

在分析了我国赤泥生产整体现状、对周边环境影响的基础上，对中国铝业贵州分公司赤泥堆场的工程地质条件、水文地质条件进行了详细叙述。回顾了该公司赤泥堆场堆存历史，对赤泥堆场未来的发展趋势进行了展望，认为干法混合烧结法赤泥和拜耳法赤泥堆存工艺不仅带来了较大的经济利益，同时减少了对周边环境的影响，是一种具有可行性、可发展性的堆存方法。另外，针对本书的研究目的，对不同类型赤泥的取样标准和取样方法进行了介绍。

3 混合赤泥的物理力学特性试验

近年来，拜耳法生产氧化铝工艺由于能耗低、生产流程简单等优点，已被越来越多的氧化铝厂采用。但拜耳法赤泥粒度细小、含水量大、渗透性差等工程特性，导致其堆存困难，容易发生坝体溃坝、岩溶渗漏等灾害。基于拜耳法赤泥堆存困难的现状，山东铝厂[14,15]、贵州铝厂首次采用将烧结法赤泥和拜耳法赤泥按照不同配合比混合后，通过压滤机压滤到一定含水率后排放到堆场，经推土机碾压后自然堆存的方法来堆存拜耳法赤泥。混合赤泥在堆存过程中由于自然环境条件影响可能会处于不同的堆存状态，其主要分为三类：（1）混合赤泥通过履带运送到堆场后在自然条件下风干硬化；（2）混合赤泥由于降雨条件的影响直至上层赤泥覆盖前一直处于浸水状态；（3）混合赤泥自然风干后再由于降雨作用的影响使赤泥处于浸水状态，如此反复几次，使赤泥处于非饱和-饱和干湿循环状态。

为了研究混合赤泥在堆存过程中三种工况下其强度的变化规律，在通过室内常规试验获得混合赤泥基本物理参数的基础上，通过三轴剪切试验和无侧限抗压强度试验，分别对三种工况下的混合赤泥从刚出厂状态到完全固结这一过程中几个有代表性的龄期段的力学特性进行测定，探讨了混合赤泥强度形成的影响因素和阶段性，为在原有拜耳法赤泥库上部继续向上安全堆存混合赤泥提供一定的理论依据。

另外，为了突出混合赤泥强度形成的特殊性，对不同含水量条件下的拜耳法赤泥和重塑状态的烧结法赤泥的力学特性进行了研究。通过对比，突出混合堆存烧结法赤泥和拜耳法赤泥的优越性，从侧面证明这种混合堆存工艺的可行性。

3.1 试样制备及试验设计

本章通过常规土工试验、固结压缩试验、三轴剪切试验（CD）、无侧限抗压强度试验，对不同工况不同龄期混合赤泥、不同含水量条件下的拜耳法赤泥、重塑的烧结法赤泥的基本物理参数指标、压缩系数、抗剪强度指标和无侧限抗压强度等进行了测定。在进行试验前，根据本书的研究目的、不同试验类型对试样的要求，对所取的赤泥按照标准制样要求进行了制样。

对于选取的刚出厂的混合赤泥，为了测得其从出厂的无胶结状态到后期的凝结硬化过程中其强度指标的变化规律，需要在最短的时间内利用三瓣制样器、环刀等试验工具直接将所取的混合赤泥制成不同试验类型所需的试样尺寸，并在已校核准确的试验仪器上直接进行试验，以测得刚出厂混合赤泥的强度指标。刚出厂未固结的混合赤泥采用压样法制备试样，压实度为90%，试样分三层进行压实，每层压实后，将土面刨毛，再装下一层并压实，以便层间接触良好，控制各组试样的密实度差值小于 $0.02g/m^3$，保证试样的均匀性。对于自然风干的混合赤泥试样，将初始制得的试样在室温20℃、相对湿度60%条件下自然风干，在进行试验前将所需试样装入保湿缸中静置一段时间后，保证试样内外含水率均匀。对于浸水浸泡的混合赤泥试样，将初始制得的部分试样在三瓣制样器的包裹下直接浸泡在水中，水面高出试样顶部约2.5mm，在试验前将试样取出，用软布吸去表面可见自由水，直接进行试验。对于饱和-非饱和干湿循环的混合赤泥试样，将初始制得的试样在室温20℃、相对湿度60%条件下自然风干，经过5d的自然脱水后，再放入水中浸泡5d，该过程作为一个干湿循环。在测得刚出厂混合赤泥强度特性的基础上，对混合赤泥试样进行了三种不同的处理工艺，以期得到混合赤泥在赤泥堆场实际堆存过程中，由于堆存环境的变化，在自然风干、浸水浸泡、干湿循环三种工况条件下其强度特性的变化规律。

对于取得的已风干硬化的拜耳法赤泥和烧结法赤泥，经105℃烘干8h后，过0.5mm筛去除较大颗粒和杂质，密封保存备用。通过土工击实试验分别测得烧结法赤泥、拜耳法赤泥的最优含水率和最大干密度。试验采用压实试样，试样制备的控制压实度均为90%，使试样处于最优含水量状态，其物理力学与水力学特性具有一定的代表性。

为了测定赤泥压缩系数，利用杠杆式压缩仪（（苏）制 C1000106 号—1 号）（见图 3-1（a））对赤泥进行压缩固结试验，压力等级取 50kPa、100kPa、200kPa、300kPa、400kPa 五级荷载。按快速法则每小时观察测微表读数后即加下一级荷载，但最后一级观测到压缩时间为24h，下沉量不再增加为止。试样尺寸高为2cm，面积为 $50cm^2$。直接剪切试验使用的直剪仪为由南京土壤仪器厂生产的 ZJ 型应变控制式直剪仪（见图 3-1（b）），试样尺寸为（直径×高）61.8mm×20mm。

三轴剪切试验和无侧限抗压强度试验试样尺寸均为（直径×高）39.1mm×80mm。无侧限抗压强度试验仪器是由南京宁曦土壤仪器有限公司生产的应变控制式无侧限压缩仪（YYW-2），手轮对应的试样变形量为 0.06mm/圈，如图 3-2（a）所示。结合赤泥堆场赤泥的实际堆存状态，试验采用固结排水三轴剪切试验（CD），仪器为国家电力公司南京电力自动化设备总厂生产的应变控制式三轴仪（SJ-1A.G），由于试验条件的限制，围压等级取 100kPa、200kPa、400kPa 三级，剪切速率为0.015mm/min，试验仪器如图 3-2（b）所示。由于赤泥的渗透性较

(a)   (b)

图 3-1 杠杆式固结仪（a）和 ZJ 型应变控制式直剪仪（b）

差，故试样制作时在四周贴了滤纸条以加速剪切过程中孔隙水压力的消散，以保证剪切过程中孔隙水压力始终小于 5kPa。

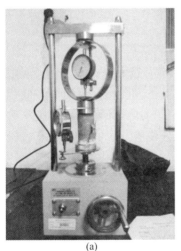

(a)   (b)

图 3-2 应变控制式无侧限压缩仪（YYW-2）(a) 和应变控制式三轴仪（SJ-1A.G）(b)

3.2 赤泥的基本参数测试

3.2.1 赤泥的基本物理参数指标

在测定混合赤泥的基本物理参数时，根据试验目的，仅对自然风干混合赤泥

5 个龄期的试样进行了测定。将 5 个脱水龄期的混合赤泥经 105℃烘干后，过 0.5mm 筛，测得 5 个龄期混合赤泥的主要物理性质指标，结果见表 3-1。同样对最优含水量状态下的拜耳法赤泥和烧结法赤泥的主要物理指标进行了测定，结果见表 3-2。

表 3-1 混合赤泥的基本物理参数

试样编号	龄期 /d	湿密度 /g·cm⁻³	含水率 /%	相对密度	液限 /%	塑限 /%	塑性指数	压缩系数 /MPa⁻¹	压缩模量 /MPa
y_0	1	1.74	51.11	2.59	55.32	45.51	9.81	0.99	2.26
y_{d1}	7	—	37.47	2.59	53.17	46.02	7.15	0.68	3.31
y_{d2}	28	—	13.37	2.59	51.32	46.84	4.48	0.65	3.46
y_{d3}	70	—	7.57	2.59	50.61	46.79	3.82	0.30	7.43
y_{d4}	120	—	5.17	2.59	50.12	46.73	3.39	0.29	7.89

表 3-2 烧结法赤泥和拜耳法赤泥的基本物理参数

试样类型	湿密度 /g·cm⁻³	含水率 /%	相对密度	液限 /%	塑限 /%	塑性指数	压缩系数 /MPa⁻¹	压缩模量 /MPa
拜耳法赤泥	1.75	44.00	2.72	48.89	35.77	13.12	0.20	16.08
烧结法赤泥	1.58	50.00	2.85	79.01	59.47	19.54	—	—

从表 3-1 可以看出：随着脱水过程的进行，含水率有较大程度的变化；液限随着脱水龄期延长有一定程度的降低，塑限则变化不大。塑性指数呈明显降低趋势，说明在脱水过程中，赤泥颗粒之间的黏性逐渐降低。压缩系数也随着脱水时间的延长，有较大程度的降低，混合赤泥由初始的高压缩性土，在脱水 28d 后转变为中压缩性土。

从表 3-2 可以看出：拜耳法赤泥的压缩系数 $0.1MPa^{-1} < a_{1-2} = 0.2MPa^{-1} < 0.5MPa^{-1}$，属于中压缩性土；由图 3-3 可知，拜耳法赤泥中黏粒（$d \leqslant 0.005mm$）含量大于 50%，属于黏性土。由文献［126］可知，黏性土的分类主要取决于塑性指数 I_p，拜耳法赤泥塑性指数 $I_p = 13.12 > 10$，因此拜耳法赤泥属于粉质黏土。

3.2.2 赤泥颗粒级配的测定

赤泥的粒度是能综合反映其特性和本质的一项重要的物理指标，颗粒大小和各粒组所占比例与其物理力学性质有着直接联系。通过现场观测可以发现，拜耳法赤泥粒径细小，大部分为粉黏颗粒；烧结法赤泥较拜耳法赤泥粒级均匀，砂粒含量较大，黏粒较少。

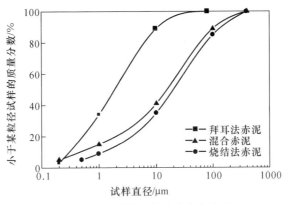

图 3-3　三种赤泥的粒度分布曲线

利用激光粒度分析仪对赤泥的粒度级配进行了分析测试，其结果如图 3-3 所示。由图 3-3 可以看出：不同生产工艺的赤泥粒径级配有较大区别。烧结法赤泥的平均粒径要大于拜耳法赤泥和混合赤泥。烧结法赤泥粒度小于 5μm 的黏粒占总量的 22%，粒度在 5~75μm 的粉粒占总量的 58%，粒度大于 75μm 的细砂粒占总量的 20%。经过计算：不均匀系数 $C_u=12$，曲率系数 $C_c=4.08$，不能同时满足 $C_u>5$、$C_c=1~3$，故烧结法赤泥属于级配不良的土；拜耳法赤泥粒度小于 2.0μm 的颗粒占总量的 50%，且赤泥的粒度均小于 80μm，粒度分布较均匀。经过计算：不均匀系数 $C_u=9$，曲率系数 $C_c=0.83$，不能同时满足 $C_u>5$、$C_c=1~3$，故拜耳法赤泥属于级配不良的土；由此可以看出，烧结法赤泥的颗粒级配要好于拜耳法赤泥。混合赤泥是由烧结法赤泥和拜耳法赤泥按照配合比 1:1 混合而成的，其粒度分布曲线位于两者之间，粒度小于 10.5μm 的颗粒占总量的 50%，100% 赤泥的粒度均小于 0.4mm。通过计算：不均匀系数 $C_u=28.5$，曲率系数 $C_c=5.48$，不能同时满足 $C_u>5$、$C_c=1~3$，故混合赤泥也属于级配不良的土。

3.3　风干混合赤泥的强度特性

混合赤泥从出厂的淤泥状态到脱水干燥硬化，经历了由软到硬的力学状态转变。文献 [27，127] 通过对不同堆存深度烧结法赤泥的强度研究发现，赤泥强度的形成与堆放时间没有必然的因果关系，决定赤泥抗剪强度大小的根本原因是其在滤水过程中形成的结构性的强弱。基于上述理论，在研究混合赤泥胶结特性的形成机理时，将试样自然脱水干燥，并对脱水龄期分别为 1d、7d、28d、70d、120d 5 个龄期段的强度特性进行了研究，其中龄期 1d 的试样为初始试样，其结构性强度接近于零。对 5 个脱水龄期试样通过无侧限抗压强度试验和三轴剪切试验（CD），测定不同脱水龄期混合赤泥的无侧限抗压强度和抗剪强度指标，揭示混合赤泥在堆存过程中其强度特性的变化规律，为混合赤泥堆体的安全稳定提供一定的理论依据。

3.3.1 风干混合赤泥无侧限抗压强度试验

通过无侧限抗压强度试验得到混合赤泥在自然风干工况下不同龄期的轴向应力与轴向应变的关系曲线和无侧限抗压强度与龄期的关系曲线，如图3-4所示。

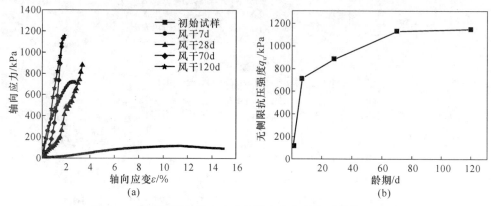

图3-4 风干试样的轴向应力与轴向应变的关系曲线（a）和
无侧限抗压强度与龄期的关系曲线（b）

由图3-4可知，初始试样 y_0 的破坏形态为塑性破坏，在应变达到11%处轴向应力达到峰值。脱水龄期试样 y_{d1}、y_{d2}、y_{d3}、y_{d4} 的破坏形态均为脆性破坏，在轴向应变较小处轴向应力达到峰值，试样发生突然破碎，失去承载能力。同时，自然风干试样随着龄期的延长，其无侧限抗压强度呈增长趋势，在龄期70天时基本趋于稳定。

3.3.2 风干混合赤泥三轴剪切试验

图3-5为不同脱水龄期混合赤泥的主应力差 $\sigma_1-\sigma_3$ 与轴应变 ε_1 的关系曲线。可以看出，相同初始物理指标的混合赤泥试样在不同脱水干燥龄期的应力-应变曲线有很大的差异。由初始试样 y_0 的应变硬化型，随着脱水过程的进行，到 y_{d1}、y_{d2}、y_{d3}、y_{d4} 试样应变软化逐渐加强。应力-应变曲线在较低应变处达到峰值后，试样发生脆性破坏，应力峰值有较大程度的降低，随着应变的继续增大，最终趋于稳定。

为了把赤泥的应力-应变、抗剪强度特性与其结构性联系起来，需要用一个定量化的参数来反映其结构性。谢定义等[33,90]分别用单轴试验和三轴试验条件下的原状样、扰动样、饱和试样主应力差之比来表示土的结构参数（见式（3-1）和式（3-2）），并且通过试验论证了用它研究结构性对变形与强度特性的影

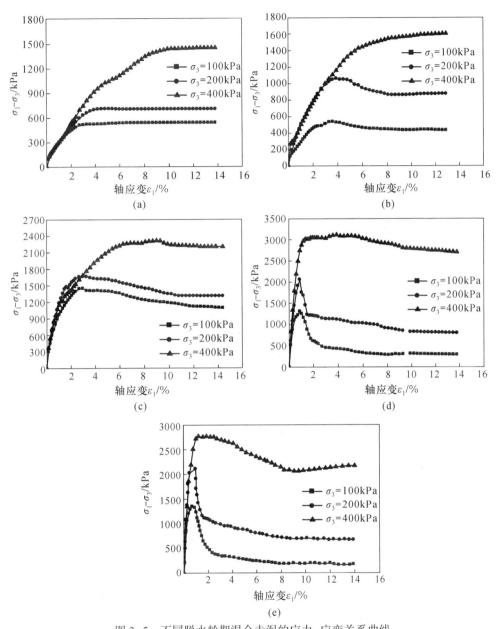

图 3-5 不同脱水龄期混合赤泥的应力-应变关系曲线

（a）y_0（1d，含水率 51.11%）；（b）y_{d1}（7d，含水率 37.47%）；（c）y_{d2}（28d，含水率 13.37%）；

（d）y_{d3}（70d，含水率 7.57%）；（e）y_{d4}（120d，含水率 5.17%）

响可以得到良好的规律性。

$$m_p = s_r \cdot s_s / s_o^2 \tag{3-1}$$

$$m_\sigma = (\sigma_1 - \sigma_3)_y / (\sigma_1 - \sigma_3)_r \tag{3-2}$$

式中，m_p，m_σ 分别为单轴压缩和三轴剪切结构性定量化参数；s_o、s_s、s_r 分别为原状样、饱和原状样和重塑样在某一压力 p 下的变形量（或应变量）；$(\sigma_1 - \sigma_3)_y$，$(\sigma_1 - \sigma_3)_r$ 分别为饱和原状样、扰动样产生同一轴应变 ε_1 所对应的主应力差。

基于上述结构性理论，提出了反映混合赤泥在不同条件下强度形成过程的结构性定量化参数。与前人研究普通土的结构性不同的是，本节提出的结构性定量化参数只是针对混合赤泥在自然风干、浸水浸泡、干湿循环三种工况下来说的，而对于混合赤泥在赤泥堆场实际堆存过程中的结构性定量化参数的研究在第 6 章中进行深入的分析。

混合赤泥在不同工况、不同龄期的结构性强度的大小是相对刚出厂没有结构性强度的初始试样来说的，可用三轴试验条件下不同工况、不同龄期混合赤泥试样与初始试样主应力差之比来反映混合赤泥的综合结构势（结构性的强弱）。对于自然风干工况下的混合赤泥，其结构性定量化参数 m_{cd} 的具体表达式如下：

$$m_{cd} = (\sigma_1 - \sigma_3)_d / (\sigma_1 - \sigma_3)_c \qquad (3-3)$$

式中，$(\sigma_1 - \sigma_3)_d$，$(\sigma_1 - \sigma_3)_c$ 分别为不同脱水龄期的风干试样 y_{d1}、y_{d2}、y_{d3}、y_{d4} 与初始试样 y_0 产生同一轴应变 ε_1 所对应的主应力差。

混合赤泥由初始的软弱状态，经过脱水干燥硬化等物理化学过程，形成了以胶结强度为主的结构性强度。不同脱水龄期赤泥颗粒之间的联结越强，各围压下主应力差与新出厂初始试样 y_0 的主应力差在同一轴应变 ε_1 的比值越大。即当 $m_{cd} \leqslant 1.0$ 时，赤泥无胶结强度；当 $m_{cd} \geqslant 1.0$ 时，有胶结强度。m_{cd} 越大，赤泥的结构性越强。由图 3-5 中不同龄期试样的应力-应变曲线，按式（3-3）计算出试样 y_{d1}、y_{d2}、y_{d3}、y_{d4} 的结构性参数 m_{cd}，得到结构性参数典型曲线（m_{cd}-ε_1 曲线），如图 3-6 所示。

由图 3-5 和图 3-6 可以看出：

结构性参数 m_{cd} 在低应变 1% 处呈直线增长达到峰值，在轴应变区间为 1%~2% 时，结构性参数 m_{cd} 呈直线降低，最终趋于稳定，如图 3-6（b）~（d）所示。这表明，混合赤泥结构性的破坏是导致赤泥结构不稳定的主要原因，在变形初期有突变现象，在随后的压密变形中，结构性由不稳定状态逐渐趋于稳定。

随着脱水龄期的增长、含水率的降低，4 个脱水时间段的结构性参数峰值呈一定的增大趋势，如图 3-6 所示。y_{d1} 试样的应力-应变曲线呈硬化型，结构性参数曲线接近水平，各围压下结构性参数 m_{cd} 介于 1.0~2.0 之间，结构性较低。y_{d2} 试样的结构性参数峰值有较大增长，m_{cd} 介于 3~4 之间，应力-应变曲线呈弱软化型，结构性强度较大。y_{d3}、y_{d4} 试样的结构性参数相较于 y_{d2} 试样又有一定程度的增长，m_{cd} 都介于 5~10 之间，应力-应变曲线呈强软化型，结构强度达到最大值。脱水龄期 120d 的 y_{d4} 试样的结构强度与脱水龄期 70d 的 y_{d3} 试样相接近。

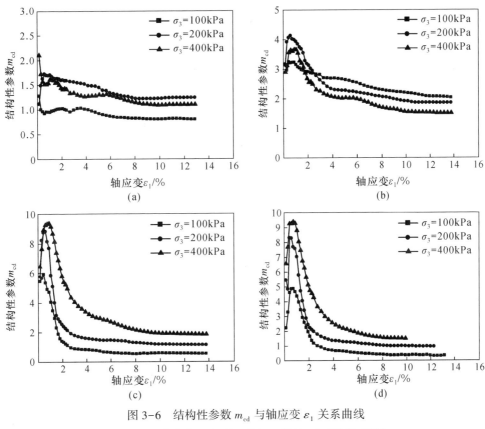

图 3-6 结构性参数 m_{cd} 与轴应变 ε_1 关系曲线

(a) y_{d1}(7d，含水率 37.47%)；(b) y_{d2}(28d，含水率 13.37%)；

(c) y_{d3}(70d，含水率 7.57%)；(d) y_{d4}(120d，含水率 5.17%)

在赤泥脱水初期，结构性强度较小，结构性参数曲线与围压的大小没有直接关系，如图 3-6(a)(b) 所示。随着脱水龄期的增长，结构强度的增大，结构性参数曲线随围压的增大由上往下依次排开，峰值参数大小也依次增大，分布范围较大；随着轴应变 ε_1 的增大，结构性破坏增大，结构性参数曲线逐渐聚拢在一个较小的范围内，呈平行排列状态，结构强度几乎完全破坏，主要是由于围压 σ_3 在发挥作用。

3.3.3 风干混合赤泥的强度特性

由图 3-4 中的混合赤泥在自然风干工况下、不同脱水龄期的轴向应力与轴向应变关系曲线，确定出试样的无侧限抗压强度 q_u。根据图 3-5 不同脱水龄期混合赤泥在不同围压 σ_3 下的应力-应变曲线可确定出试样破坏时的主应力差（σ_1-σ_3)$_f$，再根据摩尔-库仑准则，通过三个不同围压下的莫尔圆作出抗剪强度线，即可确定出不同脱水龄期混合赤泥的抗剪强度指标黏聚力 c 和内摩擦角 φ，试验结果见表 3-3。

表 3-3　混合赤泥力学特性试验结果

试样编号	龄期/d	含水率/%	$(\sigma_1-\sigma_3)_f$/kPa			抗剪强度指标		抗压强度
			100	200	400	c/kPa	φ/(°)	q_u/kPa
y_0	1	51.11	540.30	710.77	1453.81	61.67	37	115.78
y_{d1}	7	37.47	536.71	1060.74	1603.59	130.51	36	716.00
y_{d2}	28	13.37	1449.83	1665.23	2314.44	296.93	36	881.71
y_{d3}	70	7.57	1306.22	2059.25	3113.27	322.76	39	1130.25
y_{d4}	120	5.17	1348.28	2192.41	2766.90	326.13	39	1149.86

从表 3-3 可以看出：

随着脱水龄期的延长，混合赤泥的黏聚力有明显的增长。黏聚力 c 由初始强度 61.67kPa 增长到 326.13kPa，而内摩擦角 φ 基本上没有什么变化，说明赤泥的胶结特性主要体现在黏聚力上。

在脱水龄期达到 70d 时混合赤泥的黏聚力 c 和无侧限抗压强度较初始试样 y_0 相比有大幅度增长，随着脱水过程的继续进行，强度虽然还有一定程度的增长，但其增长幅度有明显的降低。混合赤泥在脱水过程中黏聚力的变化规律与结构性定量化参数 m_{cd} 的变化规律一致，说明利用结构性参数来研究结构性对自然风干工况下混合赤泥变形与强度特性的影响可以得到良好的规律性。

3.4　浸水混合赤泥的强度特性

刚出厂、新堆积的混合赤泥，虽经压滤机压滤，但含水率仍然较大，呈软塑状态，易变形、易液化、没有结构强度。当堆场赤泥排放量较大或遇降雨气候条件，一部分赤泥在未及时脱水固结的情况下被埋置于新排放赤泥的底部，长期处于近饱和状态。这部分赤泥的力学特性状态直接影响到整个赤泥堆体的稳定性。因此，本节通过无侧限抗压强度试验和三轴剪切试验（CD）对混合赤泥浸水龄期分别为 1d、7d、28d、70d、120d 的无侧限抗压强度和抗剪强度指标进行了测定，研究了混合赤泥随着浸水龄期的延长强度特性的变化规律。

3.4.1　浸水混合赤泥无侧限抗压强度试验

通过无侧限抗压强度试验得到混合赤泥在浸水浸泡工况下、5 个龄期的轴向应力与轴向应变的关系曲线和无侧限抗压强度与龄期的关系曲线，如图 3-7 所示。

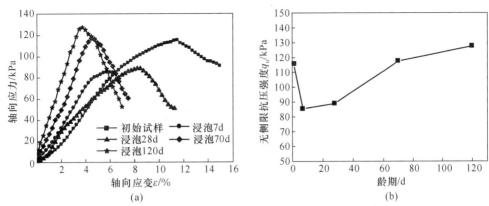

图 3-7 浸水浸泡混合赤泥的轴向应力与轴向应变的关系曲线（a）和
无侧限抗压强度与龄期的关系曲线（b）

由图 3-7(a) 可知，随着浸水龄期的延长，试样达到峰值时所对应的轴向应变逐渐减小，由初始试样 y_0 的 11% 到 y_{j4} 试样的 4%，赤泥的脆性逐渐变强。试样 y_{j1}～y_{j4} 在轴向应力达到峰值后呈迅速降低趋势，最终发生脆性破坏，失去承载能力。浸水浸泡混合赤泥的无侧限抗压强度呈先降低后增长的趋势（见图 3-7(b)），无侧限抗压强度在浸水前 7d 有一定程度的降低，但随着浸泡时间的延长，无侧限抗压强度又呈现增长趋势，最终超过初始试样的无侧限抗压强度值。

3.4.2 浸水混合赤泥三轴剪切试验

图 3-8 为不同浸水龄期混合赤泥的主应力差 $\sigma_1-\sigma_3$ 与轴应变 ε_1 的关系曲线。可以看出，相同初始物理指标的混合赤泥试样在不同浸水龄期的应力-应变曲线有很大的差异，随着浸水龄期的延长，应力-应变曲线由初始试样 y_0 的应变硬化型逐渐向应变软化型转变。浸水混合赤泥试样与相同龄期自然风干试样的应力-应变曲线虽有一定的区别，但其总的变化趋势一致。浸水 y_{j1}、y_{j2}、y_{j3}、y_{j4} 试样的应力-应变曲线也在较小应变处达到峰值，随着轴应变的继续增大，应力-应变曲线趋于稳定。

根据自然风干工况混合赤泥的结构性定量化参数 m_{cd} 的计算机理，提出了混合赤泥在浸水浸泡工况下结构性定量化参数 m_{cj} 的计算公式，见式（3-4）。由试样 y_{j1}、y_{j2}、y_{j3}、y_{j4} 的 $(\sigma_1-\sigma_3)$-ε_1 关系曲线，利用式（3-4）对其结构性定量化参数 m_{cj} 进行了计算，得到 4 个不同浸水龄期混合赤泥结构参数 m_{cj} 与轴应变的关系曲线，如图 3-9 所示。

$$m_{cj} = (\sigma_1 - \sigma_3)_j / (\sigma_1 - \sigma_3)_c \qquad (3-4)$$

式中，$(\sigma_1-\sigma_3)_j$、$(\sigma_1-\sigma_3)_c$ 分别为不同浸水龄期的浸水饱和试样 y_{j1}、y_{j2}、y_{j3}、y_{j4} 与初始试样 y_0 产生同一轴应变 ε_1 所对应的主应力差。

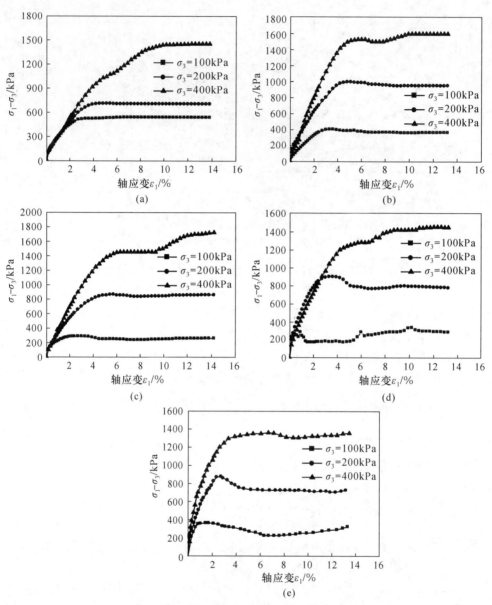

图 3-8　不同浸水龄期混合赤泥的应力-应变关系曲线

（a）y_0(初始试样)；（b）y_{j1}(浸水 7d)；（c）y_{j2}(浸水 28d)；（d）y_{j3}(浸水 70d)；（e）y_{j4}(浸水 120d)

由图 3-8 和图 3-9 可以看出：

4 个浸水龄期混合赤泥的结构性参数 m_{ej} 与轴应变 ε_1 关系曲线虽然有较大差异，但其总的变化趋势相一致。随着轴应变 ε_1 的增大，结构性参数呈先降低后趋于稳定的变化趋势。这表明，混合赤泥在浸水工况下结构性的破坏也是导致赤泥结构不稳定的主要原因，在轴应变较小处发生突变，随着压密变形的增大，结

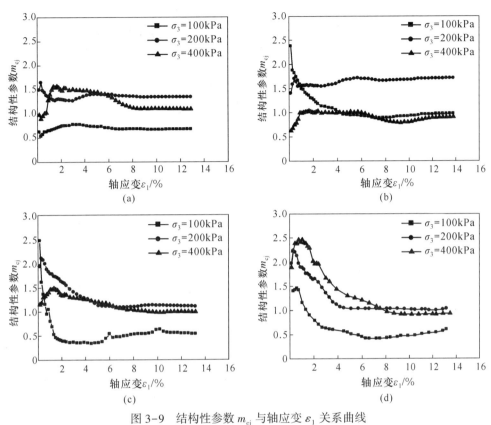

图 3-9 结构性参数 m_{cj} 与轴应变 ε_1 关系曲线

(a) y_{j1}(浸泡 7d)；(b) y_{j2}(浸泡 28d)；(c) y_{j3}(浸泡 70d)；(d) y_{j4}(浸泡 120d)

构性由不稳定状态逐渐向稳定状态转变，这与自然风干工况下混合赤泥的结构性参数变化规律相一致。

随着浸水龄期的延长，浸水混合赤泥试样的结构性参数峰值呈一定的增大趋势，如图 3-9 所示。y_{j1}、y_{j2} 试样的应力-应变曲线呈弱硬化型，结构性参数曲线接近水平，各围压下结构性参数 m_{cj} 介于 0.5~1.5 之间，结构性较弱，形成的胶结强度较低。y_{j3}、y_{j4} 试样的结构性参数相较于 y_{j1}、y_{j2} 试样有一定程度的增长，但增长幅度较小，结构性参数 m_{cj} 峰值介于 1.5~2.5 之间，应力-应变曲线呈软化型，结构性强度相对于相同龄期自然风干混合赤泥试样较小。

3.4.3 浸水混合赤泥强度特性

由图 3-7 中的混合赤泥浸水浸泡工况下、不同龄期的轴向应力与轴向应变关系曲线，确定出试样的无侧限抗压强度 q_u。根据图 3-8 浸水浸泡工况下、不同龄期混合赤泥试样在不同围压 σ_3 下的应力-应变关系曲线，可确定出试样破坏时的

主应力差 $(\sigma_1-\sigma_3)_f$，再根据摩尔-库仑准则，通过三个不同围压下的莫尔圆作出抗剪强度线，即可确定出不同浸水龄期混合赤泥的抗剪强度指标黏聚力 c 和内摩擦角 φ，试验结果见表3-4。

表3-4 混合赤泥力学特性试验结果

试样编号	龄期/d	含水率/%	$(\sigma_1-\sigma_3)_f$/kPa			抗剪强度指标		抗压强度
			100	200	400	c/kPa	φ/(°)	q_u/kPa
y_0	1	51.11	540.30	710.77	1453.81	61.67	37	115.78
y_{j1}	7	48.97	407.48	996.68	1600.01	95.50	37	85.45
y_{j2}	28	49.02	580.35	1212.65	1328.27	108.44	33	88.97
y_{j3}	70	49.40	409.71	904.91	1458.21	116.74	34	117.53
y_{j4}	120	49.86	364.14	877.24	1362.76	117.66	33	127.61

从表3-4可以看出：

随着浸水龄期的延长，混合赤泥的黏聚力有明显的增长。黏聚力 c 由初始值61.67kPa增长到117.66kPa，而内摩擦角 φ 呈现小幅度的降低趋势，说明混合赤泥在浸水浸泡的条件下其胶结强度也有一定程度的增长，且主要体现在黏聚力上。

在浸水龄期达到70天时混合赤泥的黏聚力 c 较初始试样 y_0 有大幅度增长，随着浸水龄期的继续延长，黏聚力 c 趋于稳定。说明浸水浸泡混合赤泥与自然风干混合赤泥的胶结强度形成过程几乎一致，均主要集中在赤泥堆存龄期前70d内。浸水混合赤泥的无侧限抗压强度与其黏聚力的增长趋势有一定差异，呈先降低后增长的趋势，但在浸水龄期70d时其无侧限抗压强度超过初始试样的无侧限抗压强度。

对比混合赤泥在浸水过程中黏聚力的变化规律与结构性定量化参数 m_{cj} 的变化规律，发现两者的变化情况具有相关性，说明利用结构性参数来研究结构性对浸水工况下混合赤泥变形与强度特性的影响同样可以得到良好的规律性。

3.5 干湿循环混合赤泥的强度特性

混合赤泥排放到堆场后，受到降雨等自然条件的影响，致使堆体表层赤泥处于饱和-非饱和干湿循环状态，使其强度特性区别于自然风干和浸水浸泡两种工况，且这部分赤泥的工程特性对赤泥堆体的稳定性有着重要的影响。因此，通过对混合赤泥进行不同干湿循环次数处理后，对其无侧限抗压强度和抗剪强度指标进行了测定，探讨了混合赤泥在饱和-非饱和干湿循环条件下其强度特性的变化规律。对于干湿循环次数的选取，在考察当地气候条件、降雨频率及其与前两种工况力学特性相对比的基础上，将 1 次循环周期中非饱和天数和饱和天数各定为 5 天，循环次数分别取 1 次、3 次、7 次、12 次。

3.5.1 干湿循环混合赤泥无侧限抗压强度试验

通过无侧限抗压强度试验得到混合赤泥在非饱和-饱和干湿循环条件下，不同循环次数的轴向应力与轴向应变的关系曲线和无侧限抗压强度与干湿循环次数的关系曲线，试验结果如图 3-10 所示。

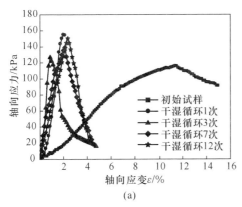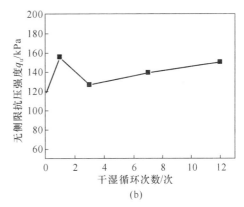

图 3-10　干湿循环试样的轴向应力和轴向应变的关系曲线（a）和
无侧限抗压强度与干湿循环次数的关系曲线（b）

由图 3-10 可知，混合赤泥在非饱和-饱和干湿循环条件下，无侧限抗压强度相较于初始试样有小幅度的增长。混合赤泥在脱水 5d 后再浸水浸泡 5d 没有发生崩解，且无侧限抗压强度有一定程度的增长（见图 3-10(b)），这与拜耳法赤泥浸水崩解现象完全不同[15]（见图 3-13），说明混合赤泥中有难溶于水的胶结物质，在颗粒之间形成胶结联结，且其不因环境的变化而变化，呈不可逆增长[27]。

3.5.2 干湿循环混合赤泥三轴剪切试验

图 3-11 为不同干湿循环次数混合赤泥的主应力差 $\sigma_1-\sigma_3$ 与轴应变 ε_1 的关系曲线。从图中可以看出，相同初始物理指标的混合赤泥试样在不同干湿循环次数下的应力-应变曲线有较大差异。随着干湿循环次数的增加，其应力-应变曲线由初始试样 y_0 的应变硬化型逐渐向应变软化型转变。虽然 4 个干湿循环试样的应力-应变曲线有一定差异，但每个试样均在低应变 2%～4% 处达到峰值，随着剪切进程的继续进行，应力-应变曲线逐渐呈稳定状态。说明剪切过程中试样在被压缩的同时，在应力-应变曲线达到峰值时发生贯穿试样的斜裂缝，导致试样失去继续承载的能力。

根据自然风干工况混合赤泥的结构性定量化参数 m_{cd} 的计算机理，提出了混

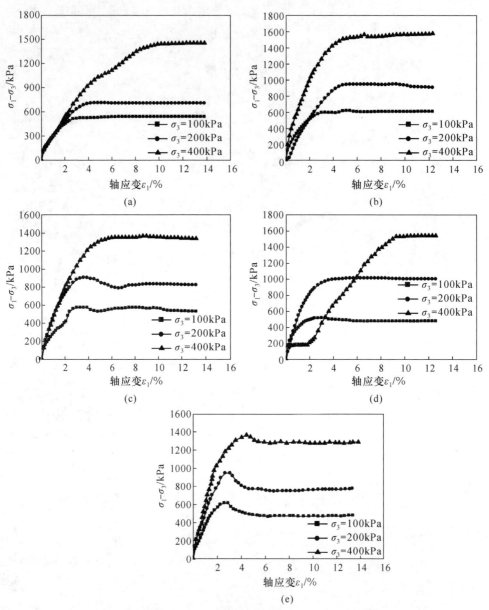

图 3-11　不同干湿循环次数混合赤泥的应力-应变关系曲线

（a）y_0(初始试样)；（b）y_{x1}(干湿循环 1 次)；（c）y_{x2}(干湿循环 3 次)；

（d）y_{x3}(干湿循环 7 次)；（e）y_{x4}(干湿循环 12 次)

合赤泥在非饱和-饱和工况下结构性定量化参数 m_{ej} 的计算公式，见式（3-5）。由 4 个不同干湿循环次数的混合赤泥试样的 $(\sigma_1 - \sigma_3)$-ε_1 关系曲线，利用式（3-5）对其结构性定量化参数 m_{ex} 进行计算，得到 4 个不同干湿循环次数的混合

赤泥结构参数 m_{cx} 与轴应变 ε_1 的关系曲线，如图 3-12 所示。

$$m_{cx} = (\sigma_1 - \sigma_3)_x / (\sigma_1 - \sigma_3)_c \qquad (3-5)$$

式中，$(\sigma_1-\sigma_3)_x$，$(\sigma_1-\sigma_3)_c$ 分别为不同干湿循环次数试样 y_{x1}、y_{x2}、y_{x3}、y_{x4} 与初始试样 y_0 产生同一轴应变 ε_1 所对应的主应力差。

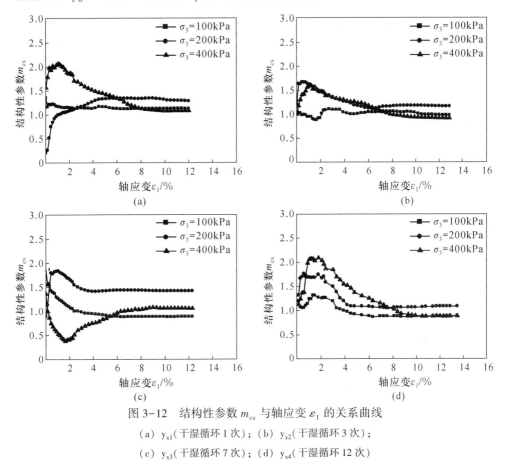

图 3-12　结构性参数 m_{cx} 与轴应变 ε_1 的关系曲线

(a) y_{x1}(干湿循环 1 次)；(b) y_{x2}(干湿循环 3 次)；

(c) y_{x3}(干湿循环 7 次)；(d) y_{x4}(干湿循环 12 次)

由图 3-11 和图 3-12 可以看出：

结构性参数 m_{cx} 大致上在低应变 1%~2% 处达到峰值，当轴应变 ε_1 继续增大时，结构性参数逐渐降低，最终趋于稳定。这表明，混合赤泥结构性的破坏是导致赤泥结构不稳定的主要原因，在变形初期有突变现象，在随后的压密变形中，结构性由不稳定状态逐渐趋于稳定。

对比 4 个不同干湿循环次数的混合赤泥试样的结构性定量化参数 m_{cx} 的峰值，除个别试样外，4 组试样的结构性参数峰值均位于 1.0~2.0 之间，$m_{cx}>1.0$，有胶结强度，但结构性较弱，且随着干湿循环次数的增加，混合赤泥的结构性参数虽有一定程度的增长，但其幅度较小。

3.5.3 干湿循环混合赤泥强度特性

由图 3-10 中不同干湿循环次数混合赤泥的轴向应力与轴向应变关系曲线，确定出试样的无侧限抗压强度 q_u。根据图 3-11 同干湿循环次数混合赤泥在不同围压 σ_3 下的应力-应变关系曲线可确定出试样破坏时的主应力差 $(\sigma_1 - \sigma_3)_f$，再根据摩尔-库仑准则，通过三个不同围压下的莫尔圆作出抗剪强度线，即可确定出不同干湿循环次数混合赤泥的抗剪强度指标黏聚力 c 和内摩擦角 φ，试验结果见表 3-5。

表 3-5 混合赤泥力学特性试验结果

试样编号	循环次数 /次	含水率 /%	$(\sigma_1 - \sigma_3)_f$/kPa			抗剪强度指标		抗压强度
			100	200	400	c/kPa	φ/(°)	q_u/kPa
y_0	0	51.11	540.30	710.77	1453.81	61.67	37	115.78
y_{x1}	1	—	620.48	949.39	1579.73	77.66	38	155.16
y_{x2}	3	—	572.61	906.56	1367.81	116.27	33	126.79
y_{x3}	7	—	519.95	1013.02	1542.96	117.24	35	139.31
y_{x4}	12	—	615.52	946.55	1365.52	121.91	33	150.38

从表 3-5 可以看出：随着干湿循环次数的增加，混合赤泥的黏聚力有一定程度的增长。黏聚力 c 由初始强度 61.67kPa 增长到 121.91kPa，增长了约 2 倍。而内摩擦角 φ 则相反，呈小幅度的降低趋势，说明赤泥的胶结特性主要体现在黏聚力上。而内摩擦角的降低主要是试样脱水 5d 后再浸水浸泡，由于水离子的分解、溶蚀作用，造成了颗粒之间的摩擦力减小，最终导致内摩擦角的降低。

在干湿循环次数达到 3 次时混合赤泥的黏聚力 c 较初始试样 y_0 有大幅度增长，随着干湿循环次数的增加，黏聚力 c 的增长趋势趋于稳定。无侧限抗压强度在干湿循环次数为 1 次时有较大程度的增长，但随着干湿循环次数的增大，其无侧限抗压强度呈小幅度增长的趋势，最终无侧限抗压强度大于初始试样的无侧限抗压强度。混合赤泥在干湿循环过程中黏聚力 c 的变化规律与结构性定量化参数 m_{cx} 的变化规律一致，同样说明混合赤泥干湿循环过程中决定抗剪强度大小的根本原因是形成的结构性的强弱。

3.6 拜耳法赤泥和烧结法赤泥的强度试验

混合赤泥是由烧结法赤泥和拜耳法赤泥按照一定的配合比混合而成的，其强度特性的形成与烧结法赤泥和拜耳法赤泥的力学特性有直接联系。为了更好地研究混合堆存两种赤泥优越性，在对混合赤泥力学特性研究的同时，也对拜耳法赤泥和烧结法赤泥的力学特性进行了一定的研究。

3.6.1 拜耳法赤泥的力学特性试验

不同氧化铝生产工艺产出的赤泥无论外观形式还是微观结构等方面都存在较大的差异，这使得不同类型赤泥具有各自特定的物理力学、化学特性[24~26]。已有研究结果表明，拜耳法赤泥的工程特性与淤泥接近，具有粒度小、含水量大、透水性差、压缩性高、抗剪强度低、pH 值高等特性[44,46,60]。在排水条件不好的情况下，可长时间（多达数十年）呈液态而无强度，现场堆存困难，极易造成赤泥堆体溃坝，严重污染周边环境。

现有大量文献主要集中于对拜耳法赤泥综合利用方面的研究[69,73,74]，拜耳法赤泥现已经用于建筑材料、制作陶器、气体净化、净化污水、用作催化剂等方面。虽然赤泥综合利用的研究越来越多，但限于其强碱性，真正用于工业领域的赤泥量并不多，大量的赤泥仍需要堆存。在拜耳法赤泥实际堆存过程中，赤泥堆体由于自然脱水干燥、降雨冲刷等自然条件的影响和拜耳法赤泥特有工程特性等原因，拜耳法赤泥堆体的稳定性受到威胁，极易发生溃坝、岩溶渗漏等灾害。为了研究拜耳法赤泥在脱水干燥、降雨等不同自然环境条件下的力学特性，通过无侧限抗压强度试验、三轴剪切试验对不同含水率条件下拜耳法赤泥的强度特性变化规律进行了研究，为拜耳法赤泥的安全堆存提供一定的理论依据。

为了与混合赤泥的力学特性形成一定的对比，测定了不同含水率条件下拜耳法赤泥的抗剪强度和无侧限抗压强度。采用压样法制备与赤泥堆场原状试样相同含水率和干密度的扰动试样 5 组，每组 4 个试样。密封保湿养护一段时间后，将初始试样 y_{b1}（$\omega = 44\%$）通过无侧限抗压强度试验和三轴剪切试验测得其无侧限抗压强度和抗剪强度指标。剩余 4 组试样通过自然风干、脱水干燥不同龄期后，得到含水率为 29.23% 的 2 组试样（y_{b2}、y_{b3}）和含水率为 11.81% 的 2 组试样（y_{b4}、y_{b5}），分别将含水率为 29.23% 的 1 组试样（y_{b3}）和含水率为 11.81% 的 1 组试样（y_{b5}）经三瓣式制样器包裹后浸水饱和。采用与初始试样（y_{b1}）同样的测试方法测得 4 组试样的无侧限抗压强度和抗剪强度指标。

将 5 组赤泥试样中一组试样通过应变控制式无侧限压力仪得到其轴向应力与轴向应变关系曲线，如图 3-13 所示。由图可知，自然风干试样 y_{b2}、y_{b4} 的破坏形式为脆性破坏，在较小轴应变 2%~4% 范围内轴向应力达到最大值，试样发生突然破碎，失去承载能力。风干后再浸水饱和试样 y_{b3}、y_{b5} 在轴应变 1% 以内试样发生碎裂，呈脆性破坏。对比试样 y_{b2}、y_{b3} 和 y_{b4}、y_{b5} 的轴向应力和轴向应变曲线可以明显看出，风干试样的轴向应力峰值要明显的大于风干后再浸水饱和试样，且明显大于初始试样。风干后再浸水饱和试样的轴向应力峰值要小于初始试样，在较小应变处试样即发生破坏。

利用应变控制式三轴仪得到 5 组拜耳法赤泥试样的主应力差 $\sigma_1 - \sigma_3$ 与轴应变

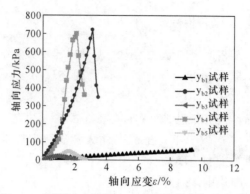

图 3-13　拜耳法赤泥轴向应力与轴向应变关系曲线

ε_1 的关系曲线，试验结果如图 3-14 所示。

由图 3-14 可以看出，初始试样 y_{b1} 的应力-应变曲线呈弱硬化型[128]，随着围压的增大，曲线的斜率逐渐增加，在应变 2%~4% 范围内达到峰值后趋于稳定。风干试样 y_{b2}、y_{b4} 和浸水饱和试样 y_{b3}、y_{b5} 的应力-应变曲线均呈软化型[128]，均在轴应变 1%~5% 范围内，主应力差达到峰值。随着轴应变 ε_1 的继续增大，主应力差 $\sigma_1-\sigma_3$ 呈先降低后趋于稳定的趋势，与超固结土的应力-应变关系型式一致。对比 y_{b2}、y_{b3} 和 y_{b4}、y_{b5} 试样，可以明显发现在各围压下，风干试样 y_{b2}、y_{b4} 的主应力差峰值要明显的大于浸水饱和试样 y_{b3}、y_{b5}，且试样在达到主应力差峰值后，随着轴应变的继续增大，主应力差都有一定的降低，但浸水饱和试样的降低程度要明显的大于风干试样。

由图 3-13 中拜耳法赤泥 5 组试样的轴向应力与轴向应变关系曲线，确定出试样的无侧限抗压强度 q_u，同时根据图 3-14 中赤泥在不同围压 σ_3 下的应力-应变曲线可确定出试样破坏时的主应力差 $(\sigma_1-\sigma_3)_f$，再根据摩尔-库仑准则，通过三个不同围压下的莫尔圆作出抗剪强度线，即可确定出 5 组赤泥样的抗剪强度指标黏聚力 c 和内摩擦角 φ，试验结果见表 3-6。

表 3-6　拜耳法赤泥力学特性试验结果

试样编号	含水率 /%	干密度 /g·cm⁻³	$(\sigma_1-\sigma_3)_f$/kPa			抗剪强度指标		抗压强度
			100	200	400	c/kPa	φ/(°)	q_u/kPa
y_{b1}	44.00	1.22	418.23	860.06	1681.01	78.18	39	86.63
y_{b2}	29.23	1.22	570.64	1429.21	2095.14	183.29	43	643.55
y_{b3}	—	1.22	398.28	497.85	945.40	63.55	29	20.42
y_{b4}	11.81	1.22	1685.59	1823.08	3239.96	233.79	45	696.56
y_{b5}	—	1.22	326.55	514.81	772.16	82.33	23	50.38

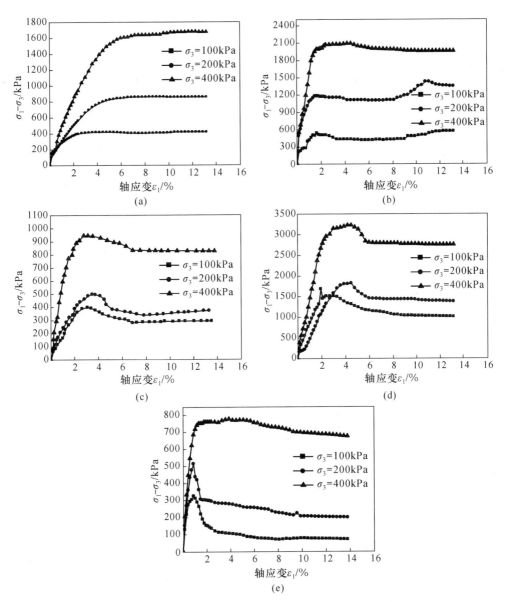

图 3-14 不同含水率拜耳法赤泥的应力-应变关系曲线

（a）y_{b1} 试样；（b）y_{b2} 试样；（c）y_{b3} 试样；（d）y_{b4} 试样；（e）y_{b5} 试样

从表 3-6 可以看出：5 组拜耳法赤泥试样的无侧限抗压强度值有较大程度的变化。相对于初始试样 y_{b1}，风干试样 y_{b2}、y_{b4} 的无侧限抗压强度有明显的增长，而风干再浸水饱和试样 y_{b3}、y_{b5} 的无侧限抗压强度有一定程度的降低。对比风干试样 y_{b2}、y_{b4} 和风干再浸水饱和试样 y_{b3}、y_{b5} 的无侧限抗压强度，试样 y_{b3}、y_{b5} 的无侧限抗压强度要明显的小于风干试样 y_{b2}、y_{b4}。

对比 5 组拜耳法赤泥的抗剪强度指标黏聚力 c 和内摩擦角 φ 的变化情况，可以发现：相对于初始试样 y_{b1}，风干试样 y_{b2}、y_{b4} 的黏聚力和内摩擦角均有较大程度的增长，而风干再浸水饱和试样 y_{b3}、y_{b5} 有较大程度的降低。对比风干试样 y_{b2}、y_{b4} 和风干再浸水饱和试样 y_{b3}、y_{b5} 的黏聚力和内摩擦角值，前者要明显大于后者。

拜耳法赤泥在脱水干燥过程中，随着脱水时间的延长和含水率的降低，无侧限抗压强度和抗剪强度指标均有较大程度的增长。而将已风干的拜耳法赤泥再浸水饱和后，其无侧限抗压强度和抗剪强度指标却有较大程度的降低，且在较低应变处试样即发生脆性破坏。造成上述现象的主要原因是拜耳法赤泥粒度细小，比表面积较大，属于粉质黏土；在脱水过程中，颗粒表面与水相互作用的能力很强，颗粒之间存在较强的黏聚力，使拜耳法赤泥在脱水干燥过程中无侧限抗压强度和黏聚力呈增长趋势。当将已干燥固结的拜耳法赤泥再浸水饱和时，由于水的溶解作用，降低了颗粒之间的相互作用，使拜耳法赤泥发生崩解现象，无侧限抗压强度和抗剪强度有较大程度的降低，极易造成拜耳法赤泥堆体发生坍塌、溃坝。

3.6.2　烧结法赤泥的力学特性试验

通过三轴剪切试验测得压实度为 90%，处于最优含水率状态的烧结法赤泥的主应力差 $\sigma_1-\sigma_3$ 与轴应变 ε_1 的关系曲线，如图 3-15 所示。根据图 3-15 中烧结法赤泥在不同围压 σ_3 下的应力-应变曲线可确定出试样破坏时的主应力差 $(\sigma_1-\sigma_3)_f$，再根据摩尔-库仑准则，通过三个不同围压下的莫尔圆作出抗剪强度线，即可确定出烧结法赤泥样的抗剪强度指标黏聚力 $c=65\text{kPa}$ 和内摩擦角 $\varphi=28.8°$。

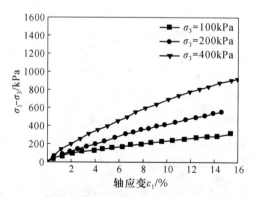

图 3-15　烧结法赤泥扰动试样的应力-应变关系曲线

文献［34］通过直接剪切试验对新进堆场烧结法赤泥在自然脱水干燥过程中，其抗剪强度的变化规律进行了测定，得到图 3-16 所示的抗剪强度值与龄期的关系曲线。

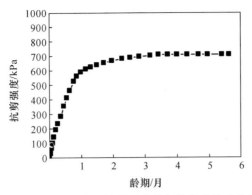

图 3-16 烧结法赤泥抗剪强度值与龄期的关系曲线

由图 3-16 可以看出:

新进堆场的烧结法赤泥呈流塑状态,黏聚力接近于零。赤泥强度由初始状态到完全固结硬化所需时间大约为 3 个月,但其初始 1 个月的强度就满足继续向上堆存要求;堆场在运行时,可将新进赤泥脱水干燥一个月后再继续向上堆载,可保证堆体的稳定性。烧结法赤泥强度的形成主要是水化反应生成不溶于水的硅铝酸钙等结晶体和碳化反应生成的碳酸钙,两者在赤泥脱水、析水过程中,通过胶结联结、结晶联结,构成烧结法赤泥的结构性强度。

3.7　本章小结

本章主要以烧结法赤泥和拜耳法赤泥按照配合比 1∶1 混合的混合赤泥为研究对象,对自然风干、浸水浸泡、饱和-非饱和干湿循环三种工况下龄期分别为 1d、7d、28d、70d、120d 的混合赤泥的无侧限抗压强度和抗剪强度指标进行了测定,研究了混合赤泥不同工况下随着龄期的延长,其力学特性的变化规律,得到了以下结论:

(1) 对于自然风干混合赤泥,随着脱水过程的进行,液限和塑性指数随着脱水龄期延长有一定程度的降低,塑限则变化不大;压缩系数也随着脱水时间的延长,有较大程度的降低,混合赤泥由初始的高压缩性土,在脱水 28d 后转变为中压缩性土。

(2) 拜耳法赤泥粒径细小,大部分为粉黏颗粒;烧结法赤泥较拜耳法赤泥粒级均匀,砂粒含量较大,黏粒较少。混合赤泥的粒径分布曲线位于拜耳法赤泥和烧结法赤泥之间。经计算,三种赤泥均属于级配不良的土。

(3) 混合赤泥在自然风干、浸水饱和、干湿循环三种不同工况下无侧限抗压强度和黏聚力相较于初始试样均有一定程度的增长,说明混合赤泥不具有崩解性,可在浸水环境下生成不可逆增长的具有水硬性的胶结矿物,能够保证混合赤泥堆体在自然堆存过程中的力学特性满足安全堆存要求。

（4）混合赤泥在自然风干条件下无侧限抗压强度和黏聚力的增长主要集中在脱水龄期前 70d 内，且在自然风干条件下要明显的大于相同龄期浸水饱和试样和干湿循环试样，说明混合赤泥的强度形成与滤水过程有一定联系。

（5）对于具有相同初始物理指标的混合赤泥，在自然风干、浸水饱和、干湿循环三种不同工况三轴试验条件下的结构性参数 m_{cd}、m_{cj}、m_{cx}，可用各应变水平下不同龄期试样与初始试样的主应力差来表示。结果表明，用结构性参数来研究混合赤泥结构性对变形与强度特性的影响可以得到良好的规律性。混合赤泥在脱水过程中黏聚力的变化规律与其结构性定量化参数的变化规律一致，说明混合赤泥滤水过程中形成的结构性强弱是决定其抗剪强度大小的根本原因。

（6）含水率的变化对拜耳法赤泥的力学特性有较大程度的影响。在脱水干燥过程中，其无侧限抗压强度和抗剪强度指标均有较大程度的增长；但具有一定强度的拜耳法赤泥再经浸水浸泡后，赤泥发生崩解，其强度明显降低，且在较低应变处即发生脆性破坏。

（7）烧结法赤泥的强度与赤泥堆存时间的长短没有直接的关系，而视形成过程中物理化学反应形成的胶结联结的强弱和滤水固结龄期的长短。赤泥的固结硬化需约 3 个月时间才能充分完成，但其初始 1 个月的强度就已满足继续向上堆存要求；堆场在运行时，可将新进赤泥脱水干燥一个月后再继续向上堆载，能够保证堆体的稳定性满足安全堆存要求。

（8）混合赤泥的堆存机理主要是利用硅酸盐、碳酸钙等矿物质的水硬特性，形成一种有利于拜耳法赤泥高效堆存的模式，有利于解决具有粒度细小、渗透系数小、排水困难、抗剪强度低等工程特性较差的拜耳法赤泥的堆存难题。

4 混合赤泥的微观特性及
对其强度的影响

赤泥的强度特性主要取决于赤泥的基本组成、状态和结构。要认识赤泥强度的实质，需要开展对赤泥的微观结构组成的研究。目前已有文献通过 X 射线的透视和衍射、电子显微镜、差热分析等新技术研究赤泥的物质成分、颗粒形状、排列、接触和连结方式，从而阐述赤泥强度的实质[129]。混合赤泥是烧结法赤泥和拜耳法赤泥按照配合比 1∶1 混合而成的，其化学成分极其复杂，在堆存过程中各成分之间相互发生物理化学反应，生成一系列具有胶结特性的矿物质，改变了混合赤泥原有的力学状态。本章在研究混合赤泥脱水、析水过程中的化学成分、矿物组成、微观结构等变化规律的基础上，分析了微观结构组成的变化对混合赤泥在不同工况下其力学特性影响；通过对已固结硬化的混合赤泥进行浸酸处理后，探索了碳酸钙矿物质在混合赤泥胶结强度形成机理中所起的作用。

4.1 试样制备及试验设计

不同氧化铝生产工艺产出的赤泥无论在外观形态还是微观结构组成等方面均存在较大的差异，使得赤泥具有各自特定的物理化学特性[25,26]，直接导致赤泥的力学特性有一定的差异[68,130]。本章利用 X 射线荧光光谱仪（XRF）、X 射线衍射仪（XRD）、扫描电子显微镜（SEM）等微观分析手段和土工常规试验，在分析拜耳法赤泥、烧结法赤泥、烧结法赤泥和拜耳法赤泥按配合比 1∶1 混合的混合赤泥的化学成分、矿物组成、微观结构和基本物理特性指标的基础上，研究了混合赤泥胶结强度的形成机理及其对赤泥力学特性的影响程度。

对比自然风干、浸水浸泡、干湿循环三种工况下混合赤泥强度变化规律，混合赤泥在自然风干工况下，其无侧限抗压强度和抗剪强度指标黏聚力 c 的增长幅度最大，因此在进行混合赤泥胶结特性微观试验研究时选取自然风干试样为研究对象，通过 X 射线荧光光谱仪（XRF）、X 射线衍射仪（XRD）、扫描电子显微镜（SEM）对自然风干工况下 5 个龄期混合赤泥的化学成分、矿物组成、微观结构的变化规律进行了分析。此外，为了研究混合赤泥微观结构的特殊性，对拜耳法赤泥和烧结法赤泥的微观结构组成也进行了分析测试。

在进行微观检测试验前，需对试样进行预处理。在利用 X 射线荧光光谱仪（XRF）、X 射线衍射仪（XRD）对赤泥的化学成分和矿物组成进行测定时，将三种赤泥经 105℃烘干至恒重，粉磨后过 200 目（0.074mm）筛即可。在对赤泥进行电镜扫描时，为了更好地研究赤泥的微观结构，准备了两种不同形态的电镜试样样本进行扫描。第一种是将三种赤泥经 105℃烘干至恒重，粉磨后过 200 目（0.074mm）筛，喷金做成扫描试样，观测三种赤泥颗粒大小和颗粒形态的不同，如图 4-1（a）所示；第二种是直接将块状的赤泥经 105℃烘干后，破碎成 1cm³ 大小的较规则的块状体，观测三种赤泥颗粒间的胶结形态，如图 4-1（b）所示。

(a)　　　　　　　　　　　　　　　　(b)

图 4-1　微观结构的测试试样

（a）赤泥粉状试样；（b）赤泥块状试样

4.2　混合赤泥的微观结构组成及化学反应机理

4.2.1　混合赤泥的微观结构组成

混合赤泥从出厂的淤泥状态到脱水干燥硬化，经历了由软到硬的力学状态转变，主要原因是混合赤泥中含有大量的活性胶凝矿物；在堆存过程中，各矿物组成之间发生了一系列物理化学反应，产生了大量的胶凝矿物，赤泥由初始的流塑状态转变为可塑或硬塑状态，形成了结构性强度。表 4-1 为 5 个脱水龄期混合赤泥的化学成分和灼失量。

表 4-1　不同脱水龄期混合赤泥化学成分和灼失量

试样编号	龄期/d	化学成分（质量分数）/%									灼失量/%
		Al_2O_3	SiO_2	Fe_2O_3	CaO	Na_2O	K_2O	MgO	TiO_2	SO_3	
y_0	1	14.01	20.91	8.28	28.65	6.49	1.81	1.32	5.58	2.28	9.45
y_{d1}	7	14.17	21.27	8.51	28.52	6.42	1.83	1.36	5.61	2.45	10.43
y_{d2}	28	15.01	23.37	9.67	32.11	6.45	1.93	1.38	6.48	2.47	11.75

试样编号	龄期/d	化学成分（质量分数）/%									灼失量/%
		Al_2O_3	SiO_2	Fe_2O_3	CaO	Na_2O	K_2O	MgO	TiO_2	SO_3	
y_{d3}	70	15.11	24.17	9.72	31.16	6.51	1.96	1.39	6.54	2.39	13.21
y_{d4}	120	15.20	24.83	9.85	32.43	6.43	1.97	1.40	6.58	2.31	13.56

由表 4-1 可见，混合赤泥的化学成分中 CaO、SiO_2、Al_2O_3 的含量较高，占总量的 60% 以上。对比 5 个脱水龄期试样的化学组成，可以发现随着脱水干燥时间的延长，CaO、SiO_2 的质量分数有所增加。另外，灼失量也随着脱水时间的延长呈增长趋势，其主要原因是赤泥在脱水干燥硬化过程中，吸收了空气中的 CO_2 和水分，赤泥中的活性氧化钙和水泥矿物等发生碳化和水化反应，生成的碳酸盐和水合矿物等在高温下易分解并释放出 CO_2 气体或水分等物质[127]。

由图 4-2 可知，混合赤泥中主要矿物组成为方解石（$CaCO_3$）、β-硅酸二钙（β-C_2S）、硅酸三钙、铝酸三钙和水钙铝榴石等。随着脱水过程的进行，方解石的谱线有增加趋势，其他矿物谱线则没有明显的变化。对于方解石矿物质的增加主要是因为文石逐渐转变为方解石[38]，活性氧化钙与空气中 CO_2 发生反应，生成胶结物质 $CaCO_3$。

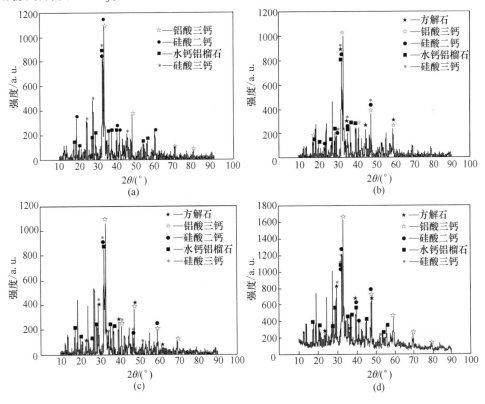

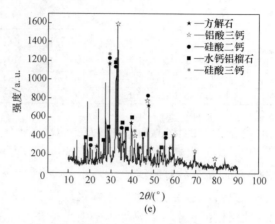

(e)

图 4-2 不同脱水龄期混合赤泥的 XRD 图
(a) 风干 1d 混合赤泥；(b) 风干 7d 混合赤泥；(c) 风干 28d 混合赤泥；
(d) 风干 70d 混合赤泥；(e) 风干 120d 混合赤泥

5 个龄期混合赤泥试样经过喷金处理后，分别在放大倍数为 2000 倍和 4000 倍的扫描电镜下进行扫描。5 个龄期混合赤泥电镜扫描图如图 4-3~图 4-7 所示。

(a)   (b)

图 4-3 风干 1d 混合赤泥的 SEM 图
(a) 粉末状试样；(b) 块状试样

由图 4-3~图 4-7 可以看出：随着脱水龄期的延长，混合赤泥的颗粒形态由初始的小颗粒散状转变到后来的片状或块状凝聚体。在脱水龄期第 7d 混合赤泥内部形成了直径较大的块体，且表面附着白色颗粒物质，经分析检验其主要成分是碳酸钙，如图 4-4(b) 所示。随着龄期的延长，块状凝聚体尺寸逐渐增大，白色物质的数量也呈增多趋势，到脱水 70d 后基本停止增长，如图 4-5(b)、图 4-6(b) 所示。这说明混合赤泥在脱水过程中发生了化学反应，生成了一些具有胶

图 4-4 风干 7d 混合赤泥的 SEM 图

（a）粉末状试样；（b）块状试样

图 4-5 风干 28d 混合赤泥的 SEM 图

（a）粉末状试样；（b）块状试样

结特性的胶凝物质，通过胶结联结、结晶胶结和凝结联结等作用，使赤泥的颗粒聚集形态由松散分布转变到紧密结合的块体。

4.2.2 拜耳法赤泥和烧结法赤泥的微观结构组成

将拜耳法赤泥和烧结法赤泥经 105℃烘干至恒重，粉磨过 200 目（0.074mm）筛后，测定了拜耳法赤泥和烧结法赤泥的化学成分和矿物组成，试验结果见表 4-2 和图 4-8。

图 4-6　风干 70d 混合赤泥的 SEM 图

（a）粉末状试样；（b）块状试样

图 4-7　风干 120d 混合赤泥的 SEM 图

（a）粉末状试样；（b）块状试样

表 4-2　拜耳法赤泥和烧结法赤泥化学成分　　　（质量分数，%）

试样类型	Al_2O_3	SiO_2	Fe_2O_3	CaO	Na_2O	K_2O	MgO	TiO_2	SO_3
拜耳法赤泥	20.80	22.35	7.73	18.51	8.83	2.41	1.40	4.98	3.00
烧结法赤泥	7.28	24.02	8.50	44.00	0.69	0.25	1.37	4.17	1.09

　　从表 4-2 可以看出：拜耳法赤泥和烧结法赤泥的主要化学成分类型与混合赤泥（见表 4-1）基本相同，主要化学成分均为 CaO、SiO_2、Al_2O_3、Fe_2O_3 等活性氧化物，其中 CaO、SiO_2、Al_2O_3 的含量均较高，三者占总量的 60% 以上。烧结

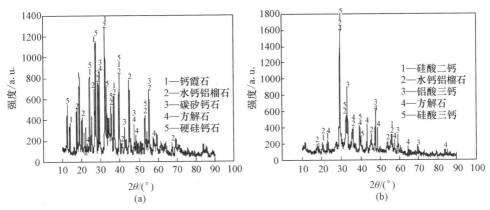

图 4-8 拜耳法赤泥和烧结法赤泥的 XRD 图谱

(a) 拜耳法赤泥；(b) 烧结法赤泥

法赤泥的 CaO 含量要明显高于混合赤泥和拜耳法赤泥，Al_2O_3、Na_2O、K_2O 等氧化物的含量明显小于混合赤泥和拜耳法赤泥。

从图 4-8 可以看出，拜耳法赤泥的主要矿物组成为钙霞石、水钙铝榴石、碳矽钙石、方解石及硬硅钙石。烧结法赤泥和混合赤泥（见图 4-2）的矿物组成基本一致，主要为方解石、硅酸二钙、硅酸三钙、铝酸三钙和水钙铝榴石等。烧结法赤泥中的铝酸三钙含量要低于混合赤泥，说明烧结法赤泥混合拜耳法赤泥致使铝酸三钙的含量有所增加。

拜耳法赤泥和烧结法赤泥试样经过喷金处理后，分别在放大倍数为 2000 倍和 4000 倍的扫描电镜下进行扫描，扫描图如图 4-9 和图 4-10 所示。

(a)   (b)

图 4-9 拜耳法赤泥的 SEM 图

(a) 粉末状试样；(b) 块状试样

(a)　　　　　　　　　　　　　　(b)

图 4-10　烧结法赤泥的 SEM 图

（a）粉末状试样；（b）块状试样

从图 4-9 和图 4-10 中可以看出：

拜耳法赤泥是由许多粒径大小不同的细小颗粒组成的松散集合体，微观结构较为疏松，颗粒与颗粒之间的成团性较差，分散性较好。烧结法赤泥为 10~20μm 的大颗粒黏结块组成，成团性明显，块与块之间有较大缝隙，为多孔架空结构。烧结法赤泥和拜耳法赤泥颗粒表面均存在白色颗粒状物质，经检验，白色物质主要成分为 $CaCO_3$。

拜耳法赤泥化学成分中含有较多的活性氧化钙，在空气环境下发生了碳化反应，生成一定量的碳酸钙，使赤泥颗粒表面发生硬化现象，这是拜耳法赤泥在自然风干工况下其强度特性增加的主要原因，见表 3-6。

烧结法赤泥的化学成分、矿物组成和微观结构与混合赤泥基本一致，水泥水硬性矿物和活性氧化钙的含量要大于混合赤泥，在自然堆存过程中发生水化反应和碳化反应，形成大量的胶结物质，使其强度有较大程度的增长，如图 3-16 所示。相同条件下，烧结法赤泥的强度要略高于混合赤泥。

4.2.3　混合赤泥胶结硬化物理化学反应机理

新进堆场的混合赤泥，虽经压滤机压滤，含水量有一定程度的降低，但其仍呈软塑状态，易变形、易液化，几乎没有结构强度。在堆场存放过程中，在自然条件下脱水、析水，赤泥各矿物之间相互发生物理化学反应，生成大量的胶结性物质，混合赤泥也由流塑状态转变为硬塑状态。在这个转化的过程中，赤泥不仅在自重条件下发生固结，同时还伴随着一系列物理和化学变化。

混合赤泥的矿物组成中含有大量水泥水硬性材料，硅酸二钙、硅酸三钙和铝酸三钙等胶结矿物。在通常条件下，赤泥水理性质变化主要表现在赤泥中 β-C_2S、C_3A 等一些无定型硅铝酸盐类物质发生水化反应，生成不溶于水的胶体物质，这与硅酸盐水泥的水化反应是一致的，这是使赤泥具有水硬性的主要原因[16]。另外，混合赤泥中含有大量的活性氧化物，与空气中的 CO_2 反应生成碳酸盐类沉淀或胶体物质，随着堆存时间的延长，赤泥矿物相由文石向方解石转化[45]，同样使赤泥具有水硬性。下列化学反应式为混合赤泥在脱水干燥过程中可能发生的水化反应和碳化反应，揭示了混合赤泥胶结强度形成的化学反应机理。

（1）赤泥的水化反应[131]：

$$2(2CaO \cdot SiO_2) + 4H_2O = 3CaO \cdot 2SiO_2 \cdot H_2O + Ca(OH)_2$$

$$3CaO \cdot Al_2O_3 + 6H_2O = 3CaO \cdot Al_2O_3 \cdot 6H_2O$$

$$4CaO \cdot Al_2O_3 \cdot Fe_2O_3 + 7H_2O = 3CaO \cdot Al_2O_3 \cdot 6H_2O + CaO \cdot Fe_2O_3 \cdot H_2O$$

（2）赤泥的碳化反应[132]：

$$NaAl(OH)_4 + CO_2 = NaAlCO_3(OH)_2 + H_2O$$

$$NaOH + CO_2 = NaHCO_3$$

$$Na_2CO_3 + CO_2 + H_2O = 2NaHCO_3$$

$$3Ca(OH)_2 \cdot 2Al(OH)_3 + 3CO_2 = 3CaCO_3 + Al_2O_3 \cdot 3H_2O + 3H_2O$$

$$Na_6[AlSiO_4]_6 \cdot 2NaOH + 2CO_2 = Na_6[AlSiO_4]_6 + 2NaHCO_3$$

硅酸二钙（β-C_2S）的水化反应开始较早，与水接触后表面很快变得凹凸不平，由于结构紧密，释放出 $Ca(OH)_2$ 很慢，水化时 Ca^{2+} 的过饱和度较低，后期反应极其缓慢。硅酸三钙中的一个 CaO 很容易被释放出，因而硅酸三钙水化速度较快。铝酸三钙的晶格是具有较大孔隙率的晶腔结构，水分子很容易进入晶格，同时每个 C_3A 晶胞中含有 4 和 6 两种配位数的铝原子，配位数为 4 的价键不饱和，容易接受两个水分子或 OH^- 而形成更为稳定的配位。因此铝酸三钙遇水能很快发生剧烈的水化反应，且它的水化速度最快。水泥水化学与胶体化学理论表明，两种赤泥混合后有助于加快硅酸二钙的水化速度，增加铝酸三钙的含量，从而提高混合赤泥的强度。另外，赤泥中活性氧化物吸收空气中的 CO_2，形成胶结物质碳酸钙，在赤泥胶凝性形成中起到重要的作用。

除了在混合赤泥矿物组成分析中发现上述水泥水硬性胶结矿物外，还有一种硅铝钠钙物质，经研究认为可能是硅铝聚合物。硅铝无机聚合材料是一种新型无机非金属材料，近年来得到较大的发展，它含有多种非晶质至半晶质相的三维铝硅酸盐矿物聚合物，是一种高性能碱激活水泥，也是一种与普通硅酸盐水泥完全不同的新型胶凝材料。在促硬剂、激发剂的共同作用下，发生硅铝氧链的解聚，在碱性条件下再聚合为网状硅铝氧化合物，其化学表达式为：

$$(SiO_2，Al_2O_2) + nH_2O \xrightarrow{NaOH，KOH} n(OH)_3-Si-O-Al^{(-)}-(OH)_3$$

$$n(OH)_3—Si—O—Al^{(-)}—(OH)_3 \xrightarrow{NaOH, KOH}$$

$$(Na, K)(—Si—O—Al^{(-)}—O—)_n + 3nH_2O$$

$$(Si_2O_5, Al_2O_2) + nH_2O \xrightarrow{NaOH, KOH} n(OH)_3—Si—O—Al^{(-)}—O—Si—(OH)_3$$

$$n(OH)_3—Si—O—Al^{(-)}—O—Si—(OH)_3 \xrightarrow{NaOH, KOH}$$

$$(Na, K)(—Si—O—Al^{(-)}—O—Si—O—)_n + 3nH_2O$$

强碱性溶液与矿物颗粒表面发生反应,生成硅铝酸盐长链,使矿物颗粒胶黏在一起,形成具有一定强度的材料。无机聚合材料具有类似有机聚合物的链状结构,能与矿物颗粒表面的 $[SiO_4]$ 和 $[AlO_4]$ 四面体通过脱羟基作用形成化学键,这是其获得高强度的直接原因,也决定了它具有优良的理化性能。

上述化学反应为混合赤泥在堆存过程中发生的化学反应和生成的胶结性矿物,下面从物理反应来分析混合赤泥胶结强度形成的微观机理。

混合赤泥中含有 50% 烧结法赤泥和 50% 拜耳法赤泥,烧结法赤泥中近 70% 粒径小于 $50\mu m$ 的细小颗粒或近 40% 粒径小于 $10\mu m$ 的细颗粒在胶结反应中全部被利用,虽然掺有部分拜耳法赤泥,但由于细小颗粒的吸附作用,致使混合赤泥的强度接近于烧结法赤泥的强度。混合赤泥中虽然有一半工程特性较差的拜耳法赤泥,但其向混合液相中加入了部分硅铝酸钠及铝酸钠溶液,致使液相中 Na^+、AlO_2^-、SiO_3^{2-} 的离子数量有所增加,pH 值增大,Na^+ 数量的增加加速了扩散双电层的形成,大量的 NaOH 会促进负离子进入固定层,压缩双电层,降低电位,降低斥力位能,加快了硅酸盐溶胶的凝聚。而 AlO_2^-、SiO_3^{2-} 数量增加,晶核浓度增加,有助于胶核的产生。

基于上述物理化学反应,混合赤泥经过胶结作用后,形成以胶结联结为主的、结晶联结为次的多孔架空结构。由于赤泥的架空结构特性,赤泥的天然密度相对较小,但经过固结硬化后,其结构由不稳定状态变为稳定状态,结构强度呈不可逆增长,抗剪强度也有较大增长。

4.3 微观结构变化对混合赤泥强度特性的影响

在研究了混合赤泥在自然风干工况下 5 个脱水龄期化学成分、矿物组成、微观结构变化规律以及物理化学反应机理的基础上,对混合赤泥在不同工况下其无侧限抗压强度和抗剪强度指标的变化规律从微观反应机理方面进行了解释。

4.3.1 微观结构变化对无侧限抗压强度的影响

由图 3-4、图 3-7、图 3-10 混合赤泥在三种工况下不同龄期的轴向应力与轴向应变关系曲线,得到三种工况下 5 个龄期的混合赤泥无侧限抗压强度值,试验结果见表 4-3。

表 4-3   混合赤泥三种工况下不同龄期无侧限抗压强度试验结果   （kPa）

试样类型	无侧限抗压强度				
自然风干试样	115.78 （龄期 1d）	716.00 （龄期 7d）	881.71 （龄期 28d）	1130.25 （龄期 70d）	1149.86 （龄期 120d）
浸水浸泡试样	115.78 （龄期 1d）	85.45 （龄期 7d）	88.97 （龄期 28d）	117.53 （龄期 70d）	127.61 （龄期 120d）
干湿循环试样	115.78 （初始试样）	155.16 （循环 1 次）	126.79 （循环 3 次）	139.31 （循环 7 次）	150.38 （循环 12 次）

从表 4-3 可以看出：

自然风干混合赤泥试样随着脱水龄期的延长，其无侧限抗压强度呈增长趋势，在龄期 70d 时基本趋于稳定（见图 3-4(b)），混合赤泥无侧限抗压强度的变化规律的产生，主要是由混合赤泥中胶结物质的生成规律决定的，如图 4-3~图 4-7 所示。胶结矿物的生成，将分散状态的颗粒聚集在一起，减小了颗粒之间的缝隙，增强了抵抗轴向破坏的能力。

浸水浸泡试样的无侧限抗压强度呈先降低后增加的趋势（见图 3-7(b)），这与拜耳法赤泥遇水崩解的情况有根本区别，如图 3-13 所示。其主要原因是，在混合赤泥刚开始浸水阶段，由于水的浸渍作用，降低了颗粒之间的吸附能力，造成无侧限抗压强度降低；但随着浸水时间的延长，混合赤泥中大量的硅酸盐矿物质（见图 4-2），在浸水环境下可发生水化反应，生成难溶于水的水泥水硬性矿物，使混合赤泥的无侧限抗压强度增加。

混合赤泥在非饱和-饱和干湿循环条件下，随着干湿循环次数的增大，无侧限抗压强度值也有小幅度的增长，如图 3-10(b) 所示。发生这种现象的原因主要是在非饱和阶段混合赤泥脱水，生成较多难溶矿物质，但这些物质尚处于不稳定状态；在饱和浸水阶段，由于水的离析作用分散了部分生成的聚集体，造成相同龄期混合赤泥在干湿循环工况下的无侧限抗压强度低于自然风干试样。

比较自然风干、浸水浸泡、干湿循环三种工况下不同龄期混合赤泥的无侧限抗压强度变化规律，可以发现三种工况下不同龄期混合赤泥无侧限抗压强度的变化趋势虽然有所区别，但总体趋势大体一致，随着龄期的延长，有一定程度的增长，如图 3-4、图 3-7、图 3-10 所示。在相同龄期，混合赤泥在自然风干条件下的无侧限抗压强度值要明显高于浸水浸泡试样和干湿循环试样。由混合赤泥的化学反应机理可知，混合赤泥胶结矿物的来源主要分为两部分：（1）硅酸二钙、硅酸三钙和铝酸三钙等一些无定型硅铝酸盐类物质发生水化反应生成的水硬性胶结矿物；（2）CaO 等活性氧化物的碳化反应生成的难溶性碳酸盐。混合赤泥在浸水浸泡和干湿循环饱和阶段由于水溶蚀作用的影响，溶解了部分不稳定结晶，导致其无侧限抗压强度低于自然风干试样。但相对于初始试样，浸水浸泡试样和干湿循环试样的无侧限抗压强度有一定幅度的增长。

4.3.2 微观结构的变化对抗剪强度的影响

由图 3-5、图 3-8、图 3-11 混合赤泥在三种工况条件下不同龄期应力-应变曲线，分别确定出试样破坏时的主应力差 $(\sigma_1-\sigma_3)_f$ 值，再根据摩尔-库仑准则作出抗剪强度线，确定出相应的抗剪强度指标，见表 4-4。

表4-4 混合赤泥三种工况不同龄期的三轴试验结果

试样类型	性能	抗剪强度指标				
自然风干试样	c/kPa	61.67 (龄期1d)	130.51 (龄期7d)	296.93 (龄期28d)	322.76 (龄期70d)	326.13 (龄期120d)
	$\varphi/(°)$	37 (龄期1d)	36 (龄期7d)	36 (龄期28d)	39 (龄期70d)	39 (龄期120d)
浸水饱和试样	c/kPa	61.67 (龄期1d)	95.5 (龄期7d)	108.44 (龄期28d)	116.74 (龄期70d)	117.66 (龄期120d)
	$\varphi/(°)$	37 (龄期1d)	37 (龄期7d)	33 (龄期28d)	34 (龄期70d)	33 (龄期120d)
干湿循环试样	c/kPa	61.67	77.66	116.27	117.24	121.91
	$\varphi/(°)$	37 (初始试样)	38 (循环1次)	33 (循环3次)	35 (循环7次)	33 (循环12次)

从表 4-4 可以看出：在自然风干工况下，随着脱水龄期的延长，混合赤泥的黏聚力有明显的增长。黏聚力 c 由初始强度 61.67kPa 增长到 326.13kPa。对比龄期 70d 和 120d 混合赤泥黏聚力 c 值的大小，发现混合赤泥黏聚力的增长主要集中在前 70d 内，后期增长幅度较小，趋于稳定。其主要原因是混合赤泥在风干、脱水过程中生成了大量的胶结矿物（见图 4-2），且经微观分析可知，胶结矿物质的生成主要集中在前 70d 内，如图 4-3~图 4-7 所示。5 个龄期的内摩擦角 φ 基本上没有什么变化，说明混合赤泥胶结强度的形成主要体现在黏聚力上。

混合赤泥在浸水饱和工况下，黏聚力 c 随着浸水龄期的延长，虽有较大程度的增长，但其增长幅度明显的小于自然风干试样，说明混合赤泥胶结强度的形成与滤水过程有直接联系。混合赤泥在浸水饱和的条件下黏聚力有所增长，主要是因为混合赤泥中硅酸盐矿物质在浸水的情况下发生了水化反应，生成了不溶于水的水泥水硬性矿物（见图 4-2），因此混合赤泥在浸水条件下没有发生像拜耳法赤泥特有的崩解现象，反而黏聚力有所增长。

混合赤泥在干湿循环条件下，随着循环次数的增加，黏聚力 c 有一定程度的增长，其增长程度要略微高于浸水饱和赤泥，但要明显的低于风干赤泥。与自然风干试样和浸水饱和试样的黏聚力增长过程相对比，干湿循环试样在一个循环周期里强度的增长主要集中在非饱和阶段；由于在强度形成的初始阶段，其结构性强度处于不稳定状态，故在浸水饱和阶段，由于水溶液的溶解作用和赤泥的水敏感性[68,130]，干湿循环试样的黏聚力明显的小于自然风干试样，但相对于初始试样，干湿循环试样的黏聚力值仍有一定程度的增长。

4.4 碳酸钙矿物质对混合赤泥胶结特性的影响

由混合赤泥 5 个龄期的化学成分（见表 4-1）、矿物组成（见图 4-2）和微观结构（见图 4-3～图 4-7）可知，完全固结硬化的混合赤泥中含有大量的胶结碳酸钙矿物质。在混合赤泥中主要存在着两类胶结性矿物，即硅酸二钙、硅酸三钙和铝酸三钙等水泥水硬性矿物和碳酸钙矿物质。由图 4-3～图 4-7 可以看出，碳酸钙胶结物主要分布于骨架颗粒表面及骨架颗粒之间的孔隙中，在颗粒之间起连接作用。因此，碳酸钙的大量存在对混合赤泥力学特性有很大影响。

大量学者[133~136]对土体的胶结特性进行了一定的研究，胶结物的存在影响了土体的力学特性。通过大量试验开展了胶结物的存在对土体力学特性的影响研究，由于土体中胶结物的化学活性较高，易受到环境及工程因素的影响而发生物理的、化学的和生物的变化。为了揭示碳酸钙胶结物对混合赤泥力学性质的影响，必须开展对已完全胶结硬化混合赤泥的试验研究。鉴于混合赤泥的胶结硬化特性生成过程中，碳酸钙胶结矿物的胶凝作用，利用化学溶液对混合赤泥进行浸泡，将混合赤泥中富含的钙质胶结物逐渐溶蚀掉，然后开展不同时间浸泡试样的无侧限抗压强度和剪切强度试验，从而探明已凝结硬化混合赤泥中碳酸钙胶结物对混合赤泥的力学性质的影响。

为了与混合赤泥在浸酸过程中力学指标的变化规律形成对比，也对拜耳法赤泥采用同样的方法进行浸酸试验。

4.4.1 试样制备及试验方案

赤泥试样与第 3 章中三轴剪切试验为同一批，采用相同的制样方法，通过三瓣制样器制取试样，养护大约 7d 后使其在自然风干条件下完全风干硬化。为了模拟不同水化学环境，利用分析纯浓盐酸和浓硫酸，经过稀释配制了不同浓度的盐酸溶液和硫酸溶液。

由于试样数量限制，两种赤泥在浸酸处理时溶液的浓度有所区别，具体浓度为：

混合赤泥试验一共分为 7 组，其中一组为水溶液，盐酸溶液的浓度分别取 0.1mol/L、1mol/L、2mol/L。硫酸溶液的浓度分别取 0.1mol/L、0.5mol/L、1mol/L。

拜耳法赤泥试验，由于拜耳法赤泥试样数量较少，只能分为两组，分别浸泡到水溶液和 1mol/L 盐酸溶液中。

在测得已完全固结硬化的混合赤泥和已脱水干燥的拜耳法赤泥的无侧限抗压强度和剪切强度的基础上，分别对浸泡龄期为 10d、20d、40d、60d 的两种赤泥进行无侧限抗压强度试验和直接剪切试验，得到不同浓度酸溶液、4 个浸泡龄期赤泥的无侧限抗压强度和抗剪强度指标。

4.4.2 混合赤泥的酸浸泡试验及结果分析

4.4.2.1 不同浸酸浓度混合赤泥无侧限抗压强度试验

对不同浸酸浓度、4 个浸泡龄期的混合赤泥试样进行无侧限抗压强度试验，得到不同浸酸溶度、不同龄期混合赤泥的轴向应力与轴向应变关系曲线，如图 4-11 所示。

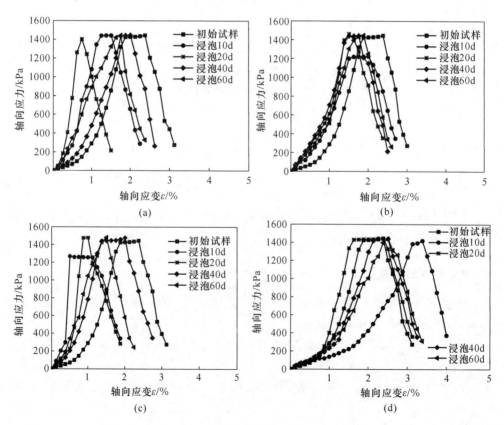

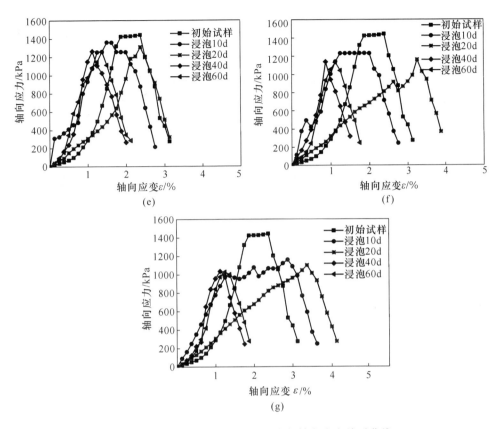

图 4-11　浸酸混合赤泥轴向应力与轴向应变关系曲线

(a) 浸水溶液；(b) 浸 0.1mol/L 硫酸溶液；(c) 浸 0.5mol/L 硫酸溶液；(d) 浸 1mol/L 硫酸溶液；
(e) 浸 0.1mol/L 盐酸溶液；(f) 浸 1mol/L 盐酸溶液；(g) 浸 2mol/L 盐酸溶液

由图 4-11 可知，自然风干完全固结硬化的混合赤泥的破坏形式为脆性破坏。试样在达到最大轴向应力时发生突然破碎，失去继续承载能力，轴向应力迅速下降，试样破坏形态如图 4-12(a) 所示。所有浸酸混合赤泥试样，不论浸泡时间的长短，试样的破坏形式均为脆性破坏。在低应变处试样的轴向应力达到峰值，同时产生贯穿整个试样的斜裂缝，丧失承载能力，轴向应力迅速降低，试样发生突然碎裂，试样破坏形态如图 4-12(b) 所示。

4.4.2.2　不同浸酸浓度混合赤泥直接剪切试验

浸酸剪切试样制备完成后，将试样置于剪切盒中，在 50kPa、100kPa、200kPa、300kPa、400kPa 五级压力下进行直接剪切试验，测试不同浸酸浓度、不同浸泡龄期混合赤泥的剪切强度及强度指标黏聚力 c 和内摩擦角 φ。表 4-5 为不同浸酸浓度、不同浸泡龄期混合赤泥的直接剪切试验结果。

(a) (b)

图4-12 混合赤泥的破坏形态

(a) 初始试样破坏形态; (b) 浸酸试样破坏形态

表4-5 不同浸酸浓度、不同浸泡龄期混合赤泥的直接剪切试验 (kPa)

试样类型	竖向力	龄期/d				
		初始试样	10	20	40	60
浸水溶液	50	365.46	361.52	359.46	363.47	360.18
	100	421.14	416.58	412.19	408.37	410.26
	200	483.88	488.26	493.75	495.62	485.16
	300	575.48	568.41	561.48	574.18	565.58
	400	656.89	654.17	665.14	661.26	655.47
浸0.1mol/L 盐酸溶液	50	365.46	352.42	345.06	339.18	337.42
	100	421.14	391.16	389.15	380.13	381.16
	200	483.88	473.15	461.26	456.89	452.02
	300	575.48	551.39	549.39	535.48	533.49
	400	656.89	630.51	622.51	616.47	613.42
浸1mol/L 盐酸溶液	50	365.46	344.06	338.17	331.59	328.45
	100	421.14	385.13	379.56	374.25	372.24
	200	483.88	462.26	457.89	453.84	451.76
	300	575.48	539.78	533.46	527.18	525.49
	400	656.89	619.51	615.48	611.02	609.57
浸2mol/L 盐酸溶液	50	365.46	331.06	319.56	313.57	310.52
	100	421.14	368.13	355.84	349.61	345.87
	200	483.88	445.49	433.26	422.47	421.03
	300	575.48	528.39	517.48	506.12	501.23
	400	656.89	602.51	593.47	583.28	581.49

试样类型	竖向力	龄期/d				
		初始试样	10	20	40	60
浸0.1mol/L硫酸溶液	50	365.46	351.06	361.18	359.96	360.15
	100	421.14	392.18	415.47	417.63	416.46
	200	483.88	475.26	479.49	480.52	476.16
	300	575.48	551.39	568.43	565.04	570.34
	400	656.89	630.51	651.53	650.23	647.17
浸0.5mol/L硫酸溶液	50	365.46	356.18	361.78	361.12	361.26
	100	421.14	397.49	414.67	417.57	417.48
	200	483.88	477.54	481.37	479.23	478.15
	400	656.89	634.43	652.35	653.45	646.47
浸1mol/L硫酸溶液	50	365.46	357.57	361.42	362.76	360.47
	100	421.14	415.36	419.63	421.01	418.38
	200	483.88	476.61	481.59	480.69	481.31
	300	575.48	569.02	572.64	571.04	568.47
	400	656.89	650.18	651.57	650.79	649.16

　　将表4-5中各浸酸浓度混合赤泥的剪切强度值绘制成图4-13，图中剪切强度线是由不同浸酸浓度、不同浸泡龄期混合赤泥的剪切强度试验数据点拟合后得到的直线。从不同浸酸浓度混合赤泥剪切强度线可以看出：浸水试样5个龄期的剪切强度线几乎重合在一起（见图4-13(a)），黏聚力和内摩擦角随着浸水龄期的延长，保持不变；浸不同浓度硫酸溶液的混合赤泥试样的剪切强度线的聚集程度也较大，只在低浓度硫酸溶液（0.1mol/L、0.5mol/L）浸泡龄期为10d的试样，黏聚力有所减小，如图4-12(b)和图4-13(c)所示。对比浸水、浸硫酸溶

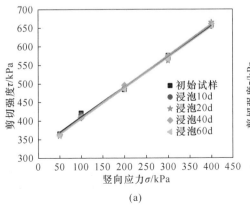

(a)

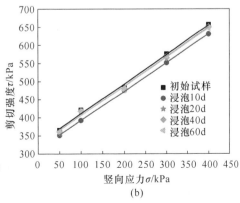

(b)

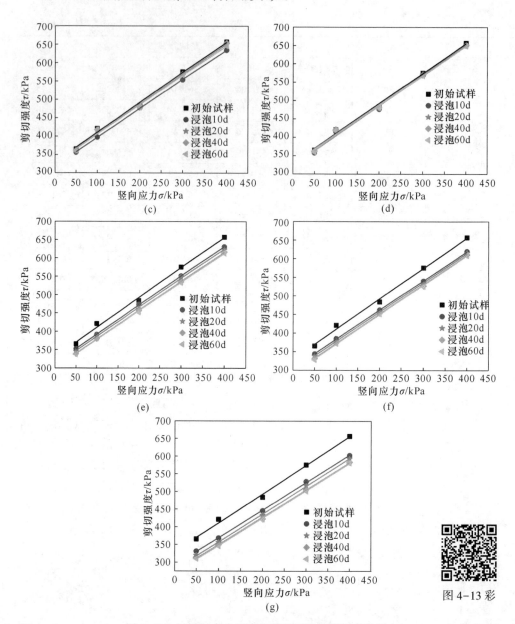

图 4-13 浸酸混合赤泥直接剪切试验数据拟合结果

(a) 浸水溶液；(b) 浸 0.1mol/L 硫酸溶液；(c) 浸 0.5mol/L 硫酸溶液；(d) 浸 1mol/L 硫酸溶液；
(e) 浸 0.1mol/L 盐酸溶液；(f) 浸 1mol/L 盐酸溶液；(g) 浸 2mol/L 盐酸溶液

液混合赤泥试样，浸三种不同浓度盐酸溶液的剪切强度线有较大程度的变化，如图 4-13(e)~(g) 所示。从强度线的截距可以看出，对比初始试样，浸盐酸溶液试样的黏聚力均有一定程度的减小，且随着浸酸浓度的增大，黏聚力的降低幅度也越大。另外, 7 组不同浸酸类型、不同浓度、不同浸泡龄期混合赤泥试样的剪切强度线均呈平行状态, 试样的内摩擦角的变化幅度较小。

4.4.2.3 浸酸混合赤泥强度试验结果及分析

由图 4-11 混合赤泥 7 组不同浸酸浓度试样的轴向应力与轴向应变关系曲线, 确定出试样的无侧限抗压强度 q_u, 再根据图 4-13 浸酸混合赤泥直接剪切试验数据拟合结果得到抗剪强度指标黏聚力 c 和内摩擦角 φ, 试验结果见表 4-6。

表 4-6 浸酸混合赤泥的强度试验结果

试样类型	强度指标	浸泡龄期/d				
		初始试样	10	20	40	60
浸水溶液	抗压强度 q_u/kPa	1442.85	1440.42	1401.07	1444.57	1442.48
	黏聚力 c/kPa	329.08	326.46	321.40	323.15	321.61
	内摩擦角 φ/(°)	39.24	39.21	40.13	40.20	39.60
浸 0.1mol/L 盐酸溶液	抗压强度 q_u/kPa	1442.85	1360.02	1308.59	1263.25	1259.15
	黏聚力 c/kPa	329.08	312.56	306.77	300.01	299.27
	内摩擦角 φ/(°)	39.24	38.52	38.44	38.26	38.03
浸 1mol/L 盐酸溶液	抗压强度 q_u/kPa	1442.85	1232.13	1160.18	1138.39	1131.46
	黏聚力 c/kPa	329.08	305.60	299.69	293.68	290.79
	内摩擦角 φ/(°)	39.24	38.08	38.19	38.31	38.44
浸 2mol/L 盐酸溶液	抗压强度 q_u/kPa	1442.85	1159.92	1098.37	1035.52	1027.42
	黏聚力 c/kPa	329.08	290.92	278.16	272.33	269.01
	内摩擦角 φ/(°)	39.24	38.02	38.29	37.76	37.82
浸 0.1mol/L 硫酸溶液	抗压强度 q_u/kPa	1442.85	1222.92	1459.62	1442.51	1446.35
	黏聚力 c/kPa	329.08	312.69	324.50	325.50	324.78
	内摩擦角 φ/(°)	39.24	38.56	39.12	38.85	38.87
浸 0.5mol/L 硫酸溶液	抗压强度 q_u/kPa	1442.85	1257.86	1476.68	1475.14	1481.15
	黏聚力 c/kPa	329.08	317.69	324.14	324.82	326.69
	内摩擦角 φ/(°)	39.24	38.36	39.19	39.22	38.57
浸 1mol/L 硫酸溶液	抗压强度 q_u/kPa	1442.85	1416.97	1444.75	1439.10	1440.26
	黏聚力 c/kPa	329.08	321.96	326.98	328.53	328.55
	内摩擦角 φ/(°)	39.24	39.28	39.06	38.78	38.83

图 4-14~图 4-16 分别是浸酸混合赤泥的无侧限抗压强度 q_u、黏聚力 c 和内摩擦角 φ 随浸泡时间的变化曲线。

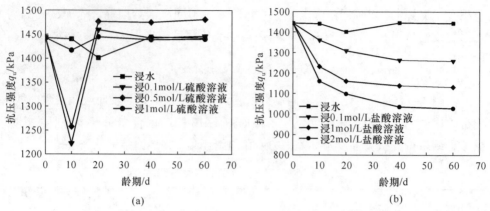

图 4-14　浸酸混合赤泥的无侧限抗压强度随浸泡龄期的变化曲线

(a) 浸硫酸溶液；(b) 浸盐酸溶液

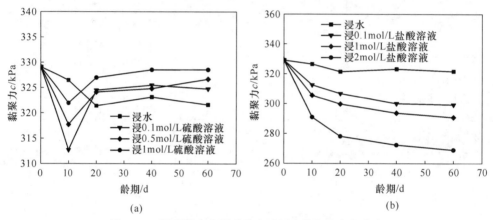

图 4-15　浸酸混合赤泥黏聚力随浸泡龄期的变化曲线

(a) 浸硫酸溶液；(b) 浸盐酸溶液

从图 4-14~图 4-16 中可以看出：

浸硫酸溶液的试样，无侧限抗压强度和黏聚力的变化趋势基本一致，呈先降低后增加的趋势，如图 4-14(a) 和图 4-15(a) 所示。在浸泡龄期为 10d 时，无侧限抗压强度和黏聚力均达到最低，之后随着浸泡龄期的延长，强度值增长到与初始试样强度值相接近后趋于稳定。对内摩擦角来说，不同浸硫酸浓度的混合赤泥试样，其内摩擦角的变化幅度并不大，如图 4-16(a) 所示。由混合赤泥浸硫酸溶液试样的无侧限抗压强度和黏聚力的变化规律可以看出，混合赤泥中的碳酸钙矿物质在浸泡初期与稀硫酸发生反应生成微溶于水的硫酸钙，覆盖在碳酸钙表面，阻止反应进一步进行；且由于硫酸钙的填充，浸硫酸溶液混合赤泥的最终强度值与初始试样相接近。

浸三种不同浓度盐酸溶液的混合赤泥，随着浸泡龄期的延长，混合赤泥的无

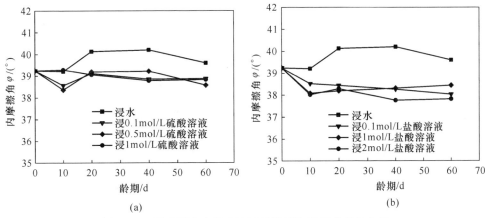

图 4-16 浸酸混合赤泥内摩擦角随浸泡龄期的变化曲线

（a）浸硫酸溶液；（b）浸盐酸溶液

侧限抗压强度和黏聚力均呈逐渐降低趋势，但均在浸泡龄期为 40d 时基本上趋于稳定，如图 4-14（b）和图 4-15（b）所示。随着盐酸溶液浓度的增大，无侧限抗压强度和黏聚力的降低幅度也越大。经 0.1mol/L 盐酸溶液浸泡 60d 后，试样的无侧限抗压强度降低约 13%，黏聚力降低约 9%。经 1mol/L 盐酸溶液浸泡 60d 后，试样的无侧限抗压强度降低约 22%，黏聚力降低约 12%。经 2mol/L 盐酸溶液浸泡 60d 后，试样的无侧限抗压强度降低约 29%，黏聚力降低约 18%，呈现出浸泡溶液酸性越强，无侧限抗压强度和黏聚力降低的幅度越大的情形。对于内摩擦角的变化规律，不同浸盐酸浓度的混合赤泥试样，内摩擦角的变化幅度并不大，如图 4-16（b）所示。但相对浸水混合赤泥试样，其内摩擦角则有一定幅度的降低。

相对于初始完全风干硬化的混合赤泥试样，浸三种不同浓度盐酸溶液的混合赤泥，其无侧限抗压强度和黏聚力虽有一定程度的降低，最大降低幅度分别为 29% 和 18%，但相对于混合赤泥的整体强度来说，碳酸钙矿物质对混合赤泥的胶结强度的形成影响相对偏小。由此可知，在混合赤泥胶结强度形成中起主要作用的是 β-硅酸二钙、硅酸三钙、铝酸三钙等水泥水硬性矿物，其构成了混合赤泥胶结强度的结构性骨架，而碳酸钙矿物的胶结作用则相对较弱，主要起到填充、吸附、弱胶结作用。

4.4.3 拜耳法赤泥的酸浸泡试验及结果分析

4.4.3.1 浸酸拜耳法赤泥无侧限抗压强度试验

在得到拜耳法赤泥自然风干初始试样无侧限抗压强度的基础上，对浸酸拜耳法赤泥试样进行无侧限抗压强度试验，得到浸水、浸 1mol/L 盐酸溶液拜耳法赤泥的轴向应力与轴向应变关系曲线，如图 4-17 所示。

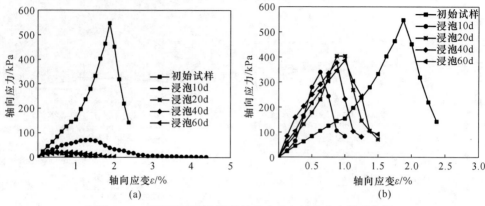

图4-17 浸酸拜耳法赤泥的轴向应力与轴向应变关系曲线

（a）浸水溶液；（b）浸1mol/L盐酸溶液

由图4-17可知，自然风干完全固结硬化的拜耳法赤泥的破坏形式为脆性破坏。试样在达到最大轴向应力时发生突然破碎，失去继续承载能力，轴向应力迅速下降。4个浸水试样，虽浸水龄期有所不同，但相对于初始试样，轴向应力峰值均有较大程度的降低，且峰值大小接近，其破坏形式均为脆性破坏，且发生在较低应变处，如图4-17（a）所示。4个浸1mol/L盐酸溶液的拜耳法赤泥，不论浸泡时间的长短，试样的破坏形式均为脆性破坏。在低应变处试样的轴向应力达到峰值，同时产生贯穿整个试样的斜裂缝，丧失承载能力，如图4-17（b）所示。

4.4.3.2 浸酸拜耳法赤泥直接剪切试验

分别对浸水试样和浸1mol/L盐酸溶液的拜耳法赤泥进行直接剪切试验。浸酸剪切试样制备完成后，将试样置于剪切盒中，在50kPa、100kPa、200kPa、300kPa、400kPa五级压力下进行直接剪切试验，测试2组试样在不同浸泡龄期的剪切强度及强度指标黏聚力c和内摩擦角φ。表4-7为不同龄期浸酸拜耳法赤泥的直接剪切试验结果。

表4-7 浸酸不同龄期拜耳法赤泥的直接剪切试验结果 （kPa）

试样类型	竖向力	龄期/d				
		初始试样	10	20	40	60
浸水溶液	50	276.35	97.22	93.17	89.47	87.15
	100	321.59	115.34	110.25	112.23	111.23
	200	424.31	160.23	161.34	157.42	154.68
	300	526.84	201.89	197.46	193.18	195.86
	400	620.39	245.16	241.84	242.32	240.34

试样类型	竖向力	龄期/d				
		初始试样	10	20	40	60
浸 1mol/L 盐酸溶液	50	276.35	175.87	168.46	161.19	165.08
	100	321.59	201.46	193.41	195.46	190.42
	200	424.31	263.15	257.64	252.41	254.79
	300	526.84	318.21	317.14	316.06	313.08
	400	620.39	375.49	372.15	365.43	370.16

将上述剪切强度值绘制成直线，如图 4-18 所示，图中是由不同浸泡龄期浸酸拜耳法赤泥的剪切强度试验数据点拟合后得到的直线。从浸水拜耳法赤泥剪切强度线可以看出，4 个浸水试样的剪切强度线几乎重合在一起，如图 4-18(a)所示；且截距和斜率明显的小于初始试样，黏聚力和内摩擦角有一定程度的减小。对比浸水试样的抗剪强度线，4 个浸 1mol/L 盐酸溶液试样的抗剪强度线具有相同的变化趋势。

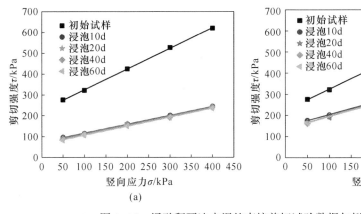
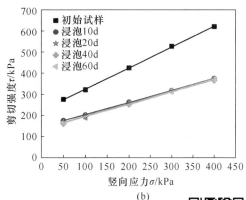

图 4-18　浸酸拜耳法赤泥的直接剪切试验数据与拟合结果
(a) 浸水溶液；(b) 浸 1mol/L 盐酸溶液

图 4-18 彩

4.4.3.3　浸酸拜耳法赤泥强度试验结果及分析

由图 4-17 拜耳法赤泥浸酸、浸水试样的轴向应力与轴向应变关系曲线，确定出试样的无侧限抗压强度 q_u，再根据图 4-18 浸酸、浸水拜耳法赤泥直接剪切试验数据拟合结果，得到抗剪强度指标黏聚力 c 和内摩擦角 φ，试验结果见表 4-8。

图 4-19 是浸酸、浸水拜耳法赤泥的无侧限抗压强度、黏聚力和内摩擦角随浸泡龄期的变化曲线。

表 4-8 浸酸拜耳法赤泥的强度试验结果

试样类型	性能	龄期/d				
		初始试样	10	20	40	60
浸水溶液	抗压强度 q_u/kPa	547.19	70.19	20.42	21.38	20.55
	黏聚力 c/kPa	225.29	74.57	70.99	68.80	66.77
	内摩擦角 φ/(°)	44.81	23.06	23.16	23.23	23.45
浸 1mol/L 盐酸溶液	抗压强度 q_u/kPa	547.19	339.08	403.94	376.89	386.42
	黏聚力 c/kPa	225.29	146.34	137.69	135.02	134.24
	内摩擦角 φ/(°)	44.81	29.85	30.57	30.38	30.65

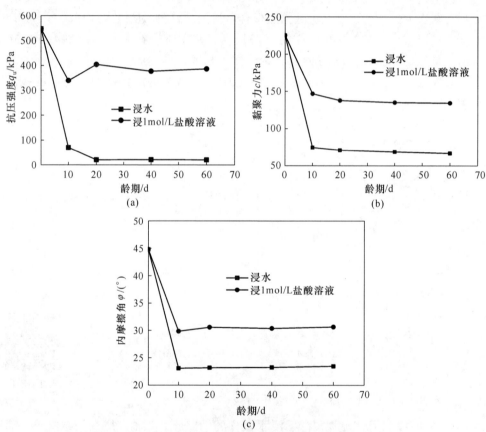

图 4-19 浸酸拜耳法赤泥的强度指标随浸泡时间变化曲线

(a) 抗压强度 q_u; (b) 黏聚力 c; (c) 内摩擦角 φ

从图 4-19 可以看出，浸 1mol/L 盐酸溶液和浸水的拜耳法赤泥在浸泡龄期 10d 内无侧限抗压强度、黏聚力和内摩擦角均有较大程度的降低，后期随着浸泡龄期的延长，强度值趋于稳定，几乎不再发生变化。其主要原因是，拜耳法赤泥具有崩解特性,拜耳法赤泥含有大量的亲水性氧化物(见表4-2),矿物组成中仅含有少量的胶结性矿物碳酸钙(见图4-8),且颗粒细小、比表面积大,在浸水、浸酸过程中吸附大量水离子,降低了颗粒之间的吸附作用,导致黏聚力和无侧限抗压强度有较大程度的降低。

4.5 本章小结

本章通过 X 射线荧光光谱仪(XRF)、X 射线衍射仪(XRD)、扫描电子显微镜(SEM)等微观测试手段分析了混合赤泥胶结强度形成的微观机理,并通过对已固结硬化的混合赤泥浸泡不同类型、不同浓度酸性溶液,研究了碳酸钙矿物质对混合赤泥胶结强度形成的作用机理。本章工作所得结论归纳如下:

(1)混合赤泥胶结强度的形成主要是硅酸二钙、硅酸三钙和铝酸三钙等水泥水硬性矿物和活性氧化物等在脱水过程中发生水化、碳化反应生成一系列胶凝物质,改变了赤泥原有结构状态,形成胶结联接、结晶胶结和凝结联结,使混合赤泥产生了一定的结构强度。混合赤泥的胶结强度的形成主要集中在脱水龄期前70d,且主要体现在其黏聚力上。

(2)混合赤泥是由烧结法赤泥和拜耳法赤泥按照配合比 1∶1 混合而成的,其化学成分、矿物组成、微观结构与烧结法赤泥相似,但与拜耳法赤泥有较大区别。混合赤泥与烧结法赤泥矿物组成中均含有大量的硅酸盐和碳酸钙矿物质,且两者的微观结构均呈现片状或块状聚集体,形成了多孔架空状态。而拜耳法赤泥矿物组成中不含有胶结矿物质,且颗粒分散性好,结构疏松。混合赤泥的堆存机理主要是利用硅酸盐、碳酸钙等矿物质的水硬特性,形成一种有利于拜耳法赤泥高效堆存的模式,有利于解决具有粒度细小、渗透系数小、排水困难、抗剪强度低等工程特性较差的拜耳法赤泥的堆存难题。

(3)混合赤泥在不同工况、不同龄期的力学特性的变化是由微观结构的变化引起的。随着风干混合赤泥脱水进程的进行,生成了大量的具有胶结强度的水硬性矿物,使颗粒黏结在一起形成块状或片状的聚集体,增大了混合赤泥的无侧限抗压强度和黏聚力。混合赤泥的胶结矿物的生成主要集中在龄期前70d,致使混合赤泥的无侧限抗压强度和黏聚力的增长主要集中在脱水龄期前70d内,后期虽然有一定程度的增长,但其幅度较小。

(4)碳酸钙矿物质在完全固结硬化的混合赤泥中大量存在。相对于初始固结硬化试样,浸不同浓度硫酸溶液的混合赤泥由于生成硫酸钙难溶物质覆盖在赤泥表面阻止了反应继续进行,其无侧限抗压强度、黏聚力、内摩擦角的降低幅度较小,几乎忽略不计。浸不同浓度盐酸溶液的混合赤泥,其无侧限抗压强度和黏聚力均小于浸水试样,碳酸钙矿物质与盐酸发生分解反应,降低了赤泥的胶结强度，无侧限抗压强度和黏聚力最大降低幅度分别为29%和18%，但其降低幅度在混合赤泥强度组成中所占比例相对较小。因此，在混合赤泥胶结强度形成过程中起主要作用的是硅酸二钙、硅酸三钙、铝酸三钙等水泥水硬性矿物，它们构成了混合赤泥胶结强度的结构性骨架，而碳酸钙矿物的胶结作用则相对较弱，主要起到填充、吸附、弱胶结作用。

（5）风干硬化的拜耳法赤泥在浸水、浸1mol/L盐酸溶液时，无侧限抗压强度、黏聚力和内摩擦角均有较大程度的降低，究其原因主要是拜耳法赤泥的崩解性。

5 非饱和赤泥的水力特性试验

露天筑坝堆存赤泥是我国现处理赤泥的主要方式。赤泥在堆存过程中受到自然气候的影响，经常处于饱和-非饱和状态。由于气候条件的变化，赤泥经常在这两种状态之间不断转变。降雨条件下，由于雨水的浸润，赤泥处于饱和状态。天气晴朗时，由于水分的蒸发，含水量的降低，赤泥处于非饱和状态。由第 3 章的强度试验和第 4 章的微观试验可知，不同生产工艺产出的烧结法赤泥、拜耳法赤泥和由两种赤泥混合而成的混合赤泥，无论在外观形态还是微观结构组成等方面均存在较大的差异，这种差异使得三种赤泥在降雨-干燥、饱和-非饱和干湿循环状态下具有各自不同的承载能力和渗透性能。为了充分了解赤泥的水力学特性，通过非饱和土瞬态循环试验系统（TRIM）对烧结法赤泥、拜耳法赤泥和混合赤泥进行了脱湿-吸湿进程试验，得到三种赤泥的土-水特征曲线（SWCC）和水力传导率特性曲线（HCFC），为赤泥堆体的防渗和稳定性研究提供一定的依据。

5.1 试样制备及试验设计

5.1.1 试验方法和试验仪器的选择

水力特性参数是反映孔隙水在土体内的作用特点及作用形式的重要指标，如进气压力值倒数 α 值的大小表示孔隙水排出、空气进入土体的难易程度；孔隙尺寸分布系数 n 表征了孔隙水的赋存形式；渗透系数 k 反映了水体在土体内的渗流情况，且与含水量或基质吸力的大小有直接联系。由于试验成本、测量范围和复杂程度的不同，现可用于测定非饱和土的水力特性参数的试验技术和试验仪器有很多种[137]。试验技术可分为室内试验和现场试验、稳态试验和瞬态试验，并用所测量的吸力组分（基质吸力或总吸力）来区分。现用于测定基质吸力的方法主要有轴平移技术、张力计法、电/热传导传感器法、接触式滤纸技术等；用于测定总吸力的试验方法主要有非接触式滤纸法、湿度测量技术、湿度控制技术等；用于测定渗透系数的试验方法主要有变水头法、常水头法、离心法、常流量法、多步溢出法等。

现有科研成果表明，常用试验方法已在非饱和土的研究工作中取得了较大的成果，但常用试验方法在使用过程中有许多的缺陷需要去克服，如试验周期长、测定量程范围小、试验结果难以实时监测、难以控制试验进程、在最终试验数据中无法修正孔隙水中逸出气体等。鉴于常用试验方法的缺陷，本书采用一种新型的试验方法——瞬态水力特性循环试验法（TRIM 法），来测定非饱和赤泥的水力特性参数。

非饱和土瞬态水力特性循环试验所用的试验仪器是由美国科罗拉多矿业大学非饱和土研究组的 Ning Lu 教授，William J. Likos 教授等人联合研发的[138~142]，仪器英文名称为 Transient Release and Imbibitions Method（TRIM），中文名称为非饱和土瞬态水力特性循环试验系统。整套试验仪器主要由控制面板、压力控制部、渗流压力室、氮气瓶、计算机控制终端（伺服软件）、计量显示器、孔隙水采集器及管路、储水槽等部件组成。该仪器采用轴平移技术对试样施加气压，且保持外界常大气压下的水源与试样内自由流动的孔隙水相通，以保证施加的气压值等于该气压下处于稳定状态试样的基质吸力值。在试验进行前，通过真空饱和仪器（见图 5-1）对试验试样进行真空饱和。在试样饱和状态下先进行脱湿试验（失水），达到脱水稳定状态后再进行吸湿试验（吸水），脱湿-吸湿两个进程称为一个水力循环周期，反复进行，可得到若干工况下非饱和土的水力特性参数。与现有的试验仪器相比，该仪器具有实时采集试验数据、精确确定孔隙水逸出气体体积、将高进气值陶瓷板水力特性及其对试验结果所造成的不利影响考虑进最终的数据修正工作中等特点，整套试验仪器如图 5-2 所示。

图 5-1　试验开始前用于饱和土样的装置

5.1.2　试样制备

由第 3 章混合赤泥的强度变化规律和第 4 章混合赤泥的微观结构组成的变化

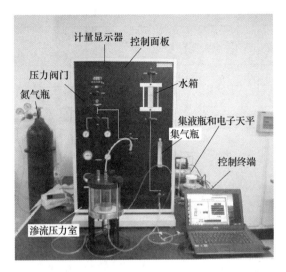

图 5-2 非饱和土瞬态水力特性循环试验系统

规律可知，混合赤泥在脱水过程中的强度特性和微观结构均会发生变化。由于试验仪器的限制，不能够准确得到混合赤泥未完全固结硬化前某一特定状态下的水力特性参数，故只对已完全风干硬化后混合赤泥的水力学参数进行了测定。另外，对最优含水率状态下拜耳法赤泥和烧结法赤泥的水力学参数进行测定，得到三种赤泥的土-水特征曲线（SWCC）和渗透系数特征曲线（HCFC）。

在制备试样前，通过土工击实试验分别测得烧结法赤泥、拜耳法赤泥和混合赤泥的最优含水率和最大干密度。试验采用压实土样，试样制备的控制压实度均为 90%，使试样处于最优含水率状态，其物理力学、水力学特性具有一定的代表性，表 5-1 为三种赤泥的基本物理参数值。试样制备具体过程为：试样经 105℃烘干至恒重，再根据各试样的最优含水率计算加水量，利用室内土工搅拌机拌匀后，装入密封袋中，保证水分与试样充分混合均匀。再根据需要得到的干密度值计算所需的湿土质量，准确称量后分三次倒入预先装好环刀的模具内，每次倒入土样后，用相同的力度和次数将土压入环刀内（直径 6.18cm×高 2cm），如图 5-3 所示。三种赤泥试样在制作时采用相同的制作工艺和制作方法，最大程度上确保三种赤泥试样均按照同一程序制作完成，对三种赤泥试样在同一水力条件下的水力特性进行客观的比较。每种土样最终的孔隙率 n_p 由下式计算：

$$n_p = 1 - \frac{m_s}{G_s \rho_w V_t} \tag{5-1}$$

式中，m_s 为固体颗粒质量；G_s 为固体颗粒密度；ρ_w 为水的密度；V_t 为试样体积。

表 5-1 赤泥的基本物理参数

试样类型	湿密度 /g·cm⁻³	相对密度	k_{sat} /cm·s⁻¹	液限 /%	塑限 /%	最优含水率 /%	最大干密度 /g·cm⁻³
拜耳法赤泥	1.75	2.72	$5.0×10^{-6}$	48.89	35.77	36.70	1.24
烧结法赤泥	1.58	2.85	$1.0×10^{-5}$	79.01	59.47	41.30	1.13
混合赤泥	1.21	2.59	$6.0×10^{-6}$	50.12	46.73	38.90	1.19

图 5-3 非饱和土瞬态水力特性循环试验试样

5.2 瞬态水力特性循环测试原理

5.2.1 土-水特征曲线的测量原理

土-水特征曲线（SWCC）是用来描述非饱和土基质吸力与含水量之间函数关系的曲线。在排水脱湿与浸水吸湿两种不同水力路径条件下，由于水力特性参数存在滞后作用，导致其土-水特征曲线之间存在较大的差异。在对赤泥进行水力特性循环试验过程中，试样内的孔隙水始终与外界水体保持连通，即处于常态大气压作用下。渗流压力室内的气压是可以根据需要进行调控的，当试样在某一大气压作用下处于稳定状态时，此时该试样的基质吸力值就等于该大气压力值。

非饱和土在实际堆存环境中，受到自然气候的影响，受到干燥（脱湿）和降雨（吸湿）两种不同水力路径的影响，处于非饱和-饱和多次干湿循环状态。为了模拟试样干燥、降雨两种自然状态，通过逐级增加和逐级降低土样室气压来实现这两种状态。一般情况下，土体试样在首次脱湿-吸湿循环试验时，所得到的土-水特征曲线所涵盖的数据范围最广，可称为土-水特征曲线的临界曲线，在此基础上继续进行的脱湿-吸湿循环试验所得曲线位于临界曲线之内。基于本书研究目的和试验条件的限制，仅对三种赤泥的临界特征曲线进行了试验。在试

验过程中通过集液瓶和电子天平实时记录土样室赤泥试样在较大压力下孔隙水的
排出情况，并将这种变化规律通过计算机控制终端进行实时记录，试验系统的伺
服软件界面可通过人为设置，改变不同阶段数据采集频率的大小。为了获得水力
特征参数与含水量之间的函数关系，国内外非饱和领域内众多学者进行了不同类
型的非饱和试验，并在总结试验结果的基础上提出了多种非饱和土的本构关系
式。其中，van Genuchten 本构模型[143]在非饱和土领域的应用得到了广泛的认
同，下面分析其排水脱湿进程和吸水吸湿进程的表达式。

排水脱湿进程：
$$\frac{\theta - \theta_r^d}{\theta_s^d - \theta_r^d} = \left(\frac{1}{1 + \alpha^d |h|^{n^d}} \right)^{1 - \frac{1}{n^d}} \tag{5-2}$$

浸水吸湿进程：
$$\frac{\theta - \theta_r^w}{\theta_s^w - \theta_r^w} = \left(\frac{1}{1 + \alpha^w |h|^{n^w}} \right)^{1 - \frac{1}{n^w}} \tag{5-3}$$

式中，θ 为体积含水量；θ_r 为残余体积含水量；θ_s 为饱和体积含水量；h 为负孔
隙水压力水头或基质吸力水头；α 为土体进气压力值的倒数；n 为土体孔隙尺寸
分布函数；α 与 n 为经验参数，可通过试验曲线直接得到或试验数据拟合后得
到；上标符号 d 表示排水脱湿进程，w 表示浸水吸湿进程。

5.2.2 渗透系数的测量原理

土体的渗透系数（HCF）反映了土体导水能力的大小，是与含水量有直接关
联的变量。土的渗透特性主要受到土体颗粒大小以及孔隙尺寸分布形式的控制。
在一般试验条件下，难以测定土体在非饱和状态、不同含水量条件下渗透系数的
准确值。为了得到三种赤泥在脱湿-吸湿进程中渗透系数的变化规律，利用瞬态
水力循环试验已得到的试验数据，采用经验公式通过拟合得到三种非饱和赤泥的
渗透系数函数关系曲线。

根据 Y. Mualem 等人的研究成果，可得到渗透系数曲线拟合函数关系式[144]：

排水脱湿进程：
$$k^d = k_s^d \frac{\left\{ 1 - (\alpha^d |h|)^{n^d - 1} \left[1 + (\alpha^d |h|)^{n^d} \right]^{\frac{1}{n^d} - 1} \right\}^2}{\left[1 + (\alpha^d |h|)^{n^d} \right]^{\frac{1}{2} - \frac{1}{2n^d}}} \tag{5-4}$$

浸水吸湿进程：
$$k^w = k_s^w \frac{\left\{ 1 - (\alpha^w |h|)^{n^w - 1} \left[1 + (\alpha^w |h|)^{n^w} \right]^{\frac{1}{n^w} - 1} \right\}^2}{\left[1 + (\alpha^w |h|)^{n^w} \right]^{\frac{1}{2} - \frac{1}{2n^w}}} \tag{5-5}$$

式中，k^d，k^w 为脱湿、吸湿的渗透系数；k_s^d，k_s^w 为试样的脱湿、吸湿饱和渗透系
数，已有变水头试验得出；上标符号 d 表示排水脱湿进程，w 表示浸水吸湿进
程；其余函数意义同前。

基于上述土-水特征曲线和渗透系数的测量原理，根据非饱和土瞬态水力特

性循环试验系统测得的试验数据，通过计算得到烧结法赤泥、拜耳法赤泥和混合赤泥在不同含水量情况下的水力特性参数，进而可间接得到所需的函数关系曲线。

5.3　试验结果及分析

5.3.1　试验数据的采集

土的饱和渗透系数是一个定值，它反映了土体在饱和状态时导水能力大小。在进行三种赤泥试样的瞬态水力循环试验前需测得试样的饱和渗透系数，常用的试验方法主要有变水头法、常水头法和离心法等，本节采用精度较高的变水头法测定了三种赤泥的饱和渗透系数 k_{sat}。

由图 5-3 可知，TRIM 系统的土样室底座嵌固有高进气值陶瓷板，在进行试验前必须保证陶瓷板达到饱和状态，试样同样在试验前利用真空容器进行饱和。试样饱和后会有一部分多余的水分滞留在其表面，在试验正式开始前通过仪器施加一小气压排出这部分滞留水。土样饱和后放入土样室，然后通过管线与试验系统其他部件相连接，通过控制面板上的水箱饱和整套系统的管线，排出滞留在系统中的气体。

试验试样及相应管线全部饱和后即可进行脱湿试验。通过计算机控制终端的伺服软件对试验数据进行实时记录，记录数据的频率大小、试验启动与否、数据保存路径等均可以通过伺服软件界面来进行设定，伺服软件界面如图 5-4 所示。一般情况下，在试验初期阶段，由于土样室内气压不稳定，导致试验数据变化速

图 5-4　试验系统的伺服软件界面

率较大，故在加每一级气压初期，数据采集频率设定相对要高一些，一般采用 20s 记录一次，持时 10min；数据相对稳定之后，记录频率可设定为 5min 记录一次，典型的数据采集情况如图 5-5 所示。

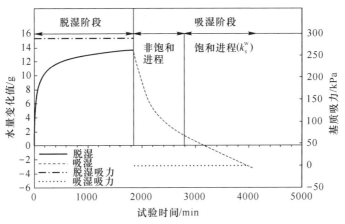

图 5-5　典型的试验数据采集情况

为了排除赤泥试样表层的滞留水，在正式进行脱湿进程前施加 0.5～5kPa（小于进气压力值）的气压，该过程持续时间约为 2h，且排出的水量不计入试验数据。当电子天平的记录数据不再变化时，对试样施加略大于土样进气值的气压 10～15kPa，由于赤泥的渗透性较差，该气压值取 15kPa。在这个阶段，试样开始进入非饱和渗流阶段，孔隙水逐渐排出，气体开始进入试样的较大孔隙中，脱湿进程试验正式开始。当电子天平上集液瓶中的水量不再变化时，可认为此气压下赤泥内的总吸力水头分布已达到稳定状态，该阶段脱湿试验已经完成，这个过程大约需要 24h。下一阶段，对试样施加更大一级的气压值，略小于陶瓷板进气值的气压 150kPa，并在伺服界面相应位置将气压参数调整到 150kPa，在该级气压下非饱和土达到稳定状态时大约需要 48h。对于试验具体加压级数和气压值，可根据试验目的和土样特点，合理安排整个试验拟施加的气压级数。

试样在高气压下进行脱湿，孔隙中的气体会在高压作用下溶解到孔隙水中；随着孔隙水透过饱和陶瓷板逸出土样室，进入管道后由于气压的降低，这部分溶解在水中的气体重新逸出形成气泡；随着水流的运行，这部分气泡通过集气瓶汇集在一起，排出集气瓶中相同体积的水量。这些原先不属于试样孔隙水的水体会被当作孔隙水而记录下来，导致最终的试验结果与实际值之间有一定的差别。因此，在脱湿试验完全结束后，需记录这部分气体的总体积，对最终数据的处理进行一定的修正。

通过多次晃动土样室，保证逸出气体全部排出管线和土样室基座后，即可进行吸湿进程试验。通过压力阀门将输出气压值降低至 0kPa，并调整控制面板右侧电子天平的高度来使集液瓶的水面略高于土样室底面，以保证集液瓶内的水在一定水头下流进非饱和试样内。与此同时，将电子天平读数设置为0，并相应地在伺服软件里将气压值调整为0kPa。在吸湿试验刚开始时，试样进水量与试验用时是非线性关系的，随着吸水过程的继续进行，两者关系呈线性时，则可认为试样已经达到完全饱和状态，吸湿进程试验完成。吸湿阶段试验大约用时48h。

5.3.2　试验数据的拟合

从TRIM试验得到的试验数据无法直接得到三种赤泥的水力特性参数，必须在了解三种赤泥非饱和渗流特性的基础上，对试验数据作进一步的处理。对于TRIM试验来说，试验过程中三种赤泥的水渗流均符合Richard一维非饱和流动控制方程：

$$\frac{\partial}{\partial z}\left[k(h)\left(\frac{\partial h}{\partial z}+1\right)\right]=\frac{\partial\theta(h)}{\partial h}\times\frac{\partial h}{\partial t} \tag{5-6}$$

式中，$k(h)$，$\theta(h)$分别为渗透系数特性函数和土-水特征曲线函数，其函数具体表达式见式（5-1）~式（5-4）；t为试验时间。

式（5-6）在一定的初始和边界条件下，即可进行求解。本试验在脱湿-吸湿进程中涉及的初始和边界条件见式（5-7）和式（5-8）[145]：

$$排水脱湿进程：\begin{cases}h(z,\ t=0)=0\\h(z=0,\ t>0)=h_d\\\dfrac{\partial h(z=-l,\ t>0)}{\partial z}=0\end{cases} \tag{5-7}$$

$$浸水吸湿进程：\begin{cases}h(z,\ t=t_d)=h(z)\\h(z=0,\ t>t_d)=h_w\\\dfrac{\partial h(z=-l,\ t>t_d)}{\partial z}=0\end{cases} \tag{5-8}$$

式中，h_d为土样脱湿试验阶段的气压水头值（基质吸力水头）；l为试样水流渗透路径长度，其值为试样高度加陶瓷板厚度；t_d为脱湿试验阶段的试验时间；h_w为吸湿阶段的基质吸力水头值，其值为集液瓶内水面与土样室底面的高程差值。

利用式（5-7）和式（5-8）对式（5-6）进行求解，必须在两个理想化的假设条件下才能进行：（1）假定三种赤泥的渗透系数均是一常量；（2）可以忽略陶瓷板对赤泥渗流所起的阻碍作用。但在两个假设条件下所求解得出的结果，会与赤泥实际的水力特性参数有较大差距。基于上述原因，本书采用软件拟合的方法来得到所需的水力特性参数。

利用计算机程序HYDRUS-1D对试验数据进行拟合，分别将三种赤泥试样的高度和面积等几何尺寸、基本物理参数、各阶段试验用时、集气瓶收集气体体积、试验时的初始和边界条件输入软件后，该软件利用式（5-7）和式（5-8）对式（5-6）进行迭代求解，最终输出试样的体积含水量与试验时间的关系曲线。若公式拟合得到的体积含水量和时间的关系曲线与试验曲线相一致（见图 5-6~图 5-8），则通过计算机程序拟合得到的试样水力特性参数值即为试样的实际水力特性参数值。另外，在通过计算机程序进行数据拟合时，为了使最终的拟合结果更接近于现实情况，需要考虑高进气陶瓷板对试验结果造成的影响，可将其视为一种特殊性质的土体，如图 5-9 所示。

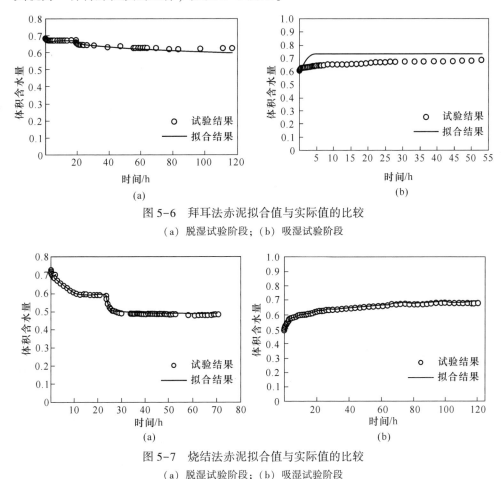

图 5-6 拜耳法赤泥拟合值与实际值的比较
（a）脱湿试验阶段；（b）吸湿试验阶段

图 5-7 烧结法赤泥拟合值与实际值的比较
（a）脱湿试验阶段；（b）吸湿试验阶段

5.3.3 赤泥的水力特征曲线

最终所得三种赤泥的基本水力特性参数归纳于表 5-2 中，各参数的物理意义与式（5-2）和式（5-3）相同，相应特征曲线如图 5-10~图 5-12 所示。

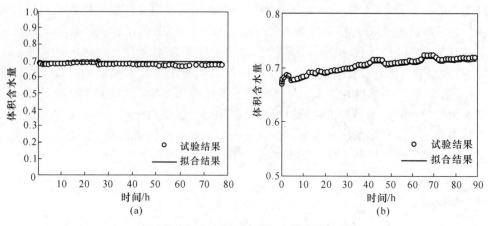

图 5-8　混合赤泥拟合值与实际值的比较

（a）脱湿试验阶段；（b）吸湿试验阶段

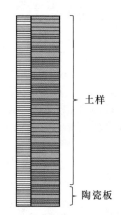

图 5-9　考虑陶瓷板影响的拟合模型

表 5-2　最终所得的赤泥水力特性参数

试样	α^{d} /kPa^{-1}	α^{w} /kPa^{-1}	n^{d}	n^{w}	$\theta_{\mathrm{s}}^{\mathrm{d}}$	$\theta_{\mathrm{s}}^{\mathrm{w}}$	$\theta_{\mathrm{r}}^{\mathrm{d}}$	$\theta_{\mathrm{r}}^{\mathrm{w}}$	$k_{\mathrm{sat}}^{\mathrm{d}}$ /cm·s^{-1}	$k_{\mathrm{sat}}^{\mathrm{w}}$ /cm·s^{-1}
拜耳法赤泥	0.012	0.015	1.70	1.80	0.69	0.45	0.110	0.110	5.0×10^{-6}	4.0×10^{-6}
烧结法赤泥	0.012	0.015	2.10	2.20	0.73	0.62	0.260	0.260	1.0×10^{-5}	8.0×10^{-6}
混合赤泥	0.015	0.016	1.50	1.55	0.69	0.65	0.042	0.042	6.0×10^{-6}	5.0×10^{-6}

　　由图 5-10~图 5-12 可以看出，三种赤泥的土-水特征曲线的形状虽有较大差异，但还是有一些共同点。对三种赤泥的土-水特征曲线来说，当其处于脱湿和吸湿进程时，两种水力进程下得到的特征曲线仅在残余含水量附近时产生重合；当含水量相同时，试样在脱湿进程下达到该含水量时的基质吸力要大于在吸

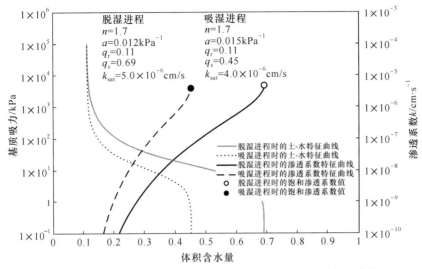

图 5-10 脱湿与吸湿水力路径条件下拜耳法赤泥的水力特征曲线

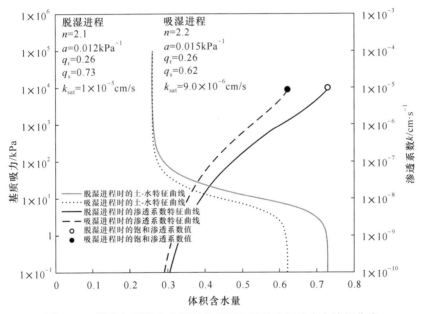

图 5-11 脱湿与吸湿水力路径条件下烧结法赤泥的水力特征曲线

湿进程下达到该含水量时的基质吸力值，且这种差异随着含水量的降低呈下降趋势，这种差异被称为非饱和土的"滞后效应"。三种赤泥中，滞后效应最明显的是拜耳法赤泥，饱和含水量相差达 0.24；其次是烧结法赤泥，饱和含水量相差达 0.11；最后是混合赤泥，其饱和含水量相差最小，仅为 0.04。

拜耳法赤泥、烧结法赤泥、混合赤泥的渗透系数特征曲线也呈现出明显的滞

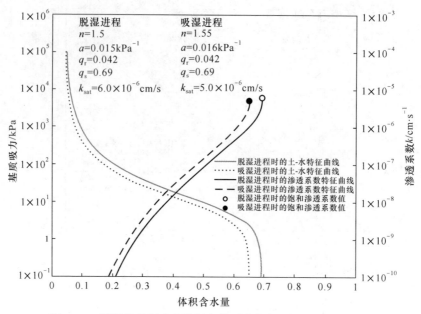

图 5-12 脱湿与吸湿水力路径条件下混合赤泥的水力特征曲线

后效应。在含水量相同时，吸湿进程下达到该含水量时的渗透系数要大于脱湿进程。与土-水特征曲线滞后效应规律相同的是，渗透系数特征曲线的滞后效应最明显的也是拜耳法赤泥，次之是烧结法赤泥，最后是混合赤泥。

文献［146］通过试验验证了土体的粒径级配会对非饱和土的 SWCC 曲线造成很显著的影响。一般情况下，试样的粒径级配越好，颗粒半径相差越大，土体中大颗粒之间形成的缝隙会被较为细小的颗粒所填充。土体中细颗粒的含量越大，粒径级配良好的土体（如黏质土），在脱湿-吸湿进程中所得到的土-水特征曲线之间差距也越大，即土-水特征曲线的滞后效应也会越明显。这说明土体颗粒之间的粒径比不同，会形成不同的孔隙结构，相应的孔隙水赋存和渗流特性也会有所不同。由图 3-3 可知，烧结法赤泥和混合赤泥的粒径级配要明显的好于拜耳法赤泥，但两者的 SWCC 曲线的滞后效应明显的小于拜耳法赤泥，主要是由三种赤泥不同的微观结构组成造成的。

由三种赤泥的化学成分（见表 4-1 和表 4-2）可知，相对于烧结法赤泥和混合赤泥，拜耳法赤泥中含有较多的易溶解性碱性氧化物（Na_2O、K_2O 等），而烧结法赤泥和混合赤泥中则含有较多难溶性的钙、镁碳酸盐。对比三种赤泥的矿物组成（见图 4-2 和图 4-8），烧结法赤泥和混合赤泥中含有水泥水硬性胶结矿物和方解石，其胶结作用使颗粒与颗粒之间胶结在一起，形成具有大孔隙的架空结构，如图 4-3~图 4-7，图 4-10 所示。而拜耳法赤泥由于颗粒细小（见图 4-9），比表面积较大，其颗粒之间存在着较大的联结，并具有复杂的水理和胶体性质。

颗粒之间的盐分会在低的含水量下使颗粒之间构成胶结，而在新的增湿环境下软化或遭到破坏，产生对水的敏感性反应。基于上述原因，拜耳法赤泥在脱湿、吸湿两种不同水力路径下的土-水特征曲线有较大差距；而烧结法赤泥和混合赤泥由于孔隙较大，两种水力路径下水的渗流路径基本相同，土-水特征曲线差距较小。因此拜耳法赤泥的土-水特征曲线和渗透系数特征曲线的滞后效应要明显的大于其他两种赤泥。同样说明拜耳法赤泥对水的敏感程度要大于混合赤泥和烧结法赤泥，且在相同降雨条件下，拜耳法赤泥在干燥-降雨干湿循环条件下赤泥堆体的稳定性受到的影响要大于其他两种赤泥。另外，拜耳法赤泥的渗透系数要小于其他两种赤泥，堆体内部赤泥附液不易通过渗滤排出，造成堆体底部赤泥含水量过大，堆体稳定性达不到安全堆存要求。

5.4　本章小结

本章在阐述了室内瞬态水力特性循环试验的主要原理、试验步骤的基础上，对烧结法赤泥、拜耳法赤泥和混合赤泥的水力学特性进行了研究。每种赤泥进行了一次水力特性循环试验（即先脱湿进程试验，接着进行吸湿进程试验），采用已有经典的原理，将试验所得的初始数据和试验时施加于试样上的初始边界条件代入 HYDRUS-1D 中进行拟合计算，最终得到了本书后续研究所需的土体水力学特征参数。本章研究所得结论归纳如下：

（1）三种赤泥的土-水特征曲线均呈现出明显的滞后效应。当含水量相同时，试样在脱湿进程下达到该含水量时的基质吸力要大于在吸湿进程下达到该含水量时的基质吸力值，且这种差异随着含水量的降低呈下降趋势。拜耳法赤泥的滞后效应最大，烧结法赤泥次之，混合赤泥最小，表明拜耳法赤泥对水的敏感程度要大于混合赤泥和烧结法赤泥；且在相同降雨条件下，拜耳法赤泥在干燥-降雨干湿循环条件下赤泥堆体的稳定性受到的影响要大于其他两种赤泥。

（2）三种赤泥的渗透系数特征曲线也同样呈现出明显的滞后效应。在含水量相同时，脱湿进程的渗透系数要明显的小于吸湿进程。拜耳法赤泥的渗透系数小于烧结法赤泥和混合赤泥，说明拜耳法赤泥的持水能力大于其他两种赤泥，堆体排水困难，堆体的稳定性难以得到保证。

6 非饱和混合赤泥的结构性本构关系

混合赤泥在堆存过程中，随着脱水、滤水龄期的延长，其结构性强度有明显的增长，由初始的流塑状态转变为具有较高强度的硬塑状态，相应的应力-应变曲线也由应变硬化型向应变软化型转变。混合赤泥特有的微观结构组成使其在滤水过程中产生了一定的胶结联结、结晶胶结和凝结联结，形成了较大的结构性强度。

基于混合赤泥工程特性的特殊性，在研究其本构模型时，不能单纯地引用现有的理论公式和经验公式，需对现有模型进行一定的修正后使其符合非饱和混合赤泥的变形强度规律。本章利用第 3 章中已经得到三轴应力条件下混合赤泥的应力-应变曲线、第 4 章中混合赤泥的微观结构组成，提出了反映非饱和混合赤泥结构性的定量化参数，对邓肯-张模型进行了修正，建立了非饱和混合赤泥的结构性本构关系模型。

6.1 混合赤泥结构性定量化参数的提出

6.1.1 土结构性的研究进展

土的结构性是影响土力学特性中最为本质和最为重要的一个因素。结构性的重要性已经在很早之前被众多学者认识，并在 20 世纪 20 年代开始对土的结构性展开了研究和探索。但长期以来，由于土结构性研究的复杂性，结构性对土的变形强度影响的定量化分析方面进展缓慢。在没有对土的结构性作出定量化分析之前，结构性对土的变形强度的影响只能隐含在土性参数中，只能通过化学分析和微观形态学等分析手段来定性解释土性规律的变化，但距离解决工程实际问题的要求还有较大差距[147~149]。近年来，土结构性研究成果的积累和总结、土力学理论的发展和研究思路的拓展、土工测试技术的提高，大大增强了土结构性研究取得突破性进展的现实可能性，引起了人们对土结构性研究的广泛关注。

土结构性的大小可以理解为土的结构对土的强度和变形产生影响的强弱，称为结构势。利用其结构势把土的宏观工程特性与土的结构性紧密联系起来，可直接应用于工程领域。长期以来，一直用土力学研究的方法来研究土的结构性，其中黄土的湿陷系数和湿陷起始压力、黏性土的灵敏度、饱和砂土的抗液化剪应力和膨胀土的膨胀系数等都可以看作是从土的某个方面揭示了不同土的结构性。这种土力学方法的最大优越性在于可直接建立土结构性与土工程性质之间的关系，避开了直接求取构成土结构性的两个重要因素。文献［90，109，114，150］依据土力学研究的方法，提出了一个能全面反映土结构性的几何特征和力学特性的土结构性参数，其将土结构的颗粒排列和联结特征结合起来，揭示了土结构性与其变形强度之间有直接联系。

6.1.2 非饱和混合赤泥的结构性定量化参数

为了把非饱和混合赤泥的应力-应变曲线、抗剪强度特性与其结构性联系起来，需要提出一个结构性定量化参数来反映非饱和赤泥的结构性。本节在回顾了土的结构性定量化参数研究进展的基础上，根据第3章中提出不同条件下不同龄期混合赤泥相对于初始试样的结构性参数，提出了反映非饱和混合赤泥整体结构性的结构性定量化参数。

为了找到一个能够描述土结构性的定量化参数，文献［90］提出了释放结构势的方法，它不仅能全面地反映结构性的几何、力学两大要素和可稳性、可变性两大特点，而且可直接反映土的变形和强度，为建立土的结构性本构关系提供了便利。以土的微观结构诸要素的定量化为基础，寻求土结构性参数的途径是比较困难的，在固体力学中引入描述土结构性变化规律的途径也是非常困难的。基于以上原因，最终选择了土力学途径的综合结构势方法作为土结构性定量化的基础。土的结构性是一种复杂的客观存在，那么研究土结构性最好的方法应该是使土的结构性破坏，让它的结构势充分表现出来。这样既可以测得结构性破坏的难易程度，反映结构的可稳性，又可测得破坏后的变形程度，反映结构的可变性，寻求土的结构性演变的特性规律。

土的结构势释放出来的根本途径有使土扰动重塑、加荷和浸水饱和三种方法。扰动释放出土的结构的联结特征；浸水饱和释放出土的结构的排列特征；加荷既释放出土的结构的联结特征，又释放出土的结构的排列特征。用释放土的综合结构势，构造土结构性定量化参数的方法，在侧限压缩应力、三轴剪切应力以及动三轴应力条件下，利用释放土的综合结构势，构造土的结构性定量化参数的方法已经得到了应用。侧限压缩应力条件下的结构性定量化参数是随应力的大小给出的，而在静、动三轴应力条件下是随静、动应变的大小给出的。结构性定量化参数是以原状结构性土、扰动重塑土和浸水饱和土分别进行相关试验，求得压缩曲线（s-p曲线）和三轴剪切应力-应变曲线（$(\sigma_1-\sigma_3)$-ε_1曲线）后，在同时反映结构可稳性和结构可变性且灵敏性最大的原则下，建立与应力增长或应变增长直接相关的结构性参数。下面给出不同应力条件下结构性定量化参数的具体表达式。

（1）侧限压缩应力条件下的结构性参数 m_p 为[109]：

$$m_{\mathrm{p}} = \frac{m_1}{m_2} = \frac{s_{\mathrm{s}}/s_{\mathrm{o}}}{s_{\mathrm{o}}/s_{\mathrm{r}}} = \frac{s_{\mathrm{r}} s_{\mathrm{s}}}{s_{\mathrm{o}}^2} \tag{6-1}$$

式中，s_i 为在 $i=$o，s，r 时压力 p 下原状土、饱和原状土和扰动重塑土的压缩应变；m_1，m_2 分别为结构的可变性和可稳性，m_1 越大结构可变性越强，m_2 越小结构可稳性越强，用两者的比值来定义土的结构性参数时，结构性参数敏感性较大。

（2）三轴剪切应力条件下的结构性参数 $m_{s\varepsilon}$ 为[113]：

$$m_{s\varepsilon} = \frac{\dfrac{(\sigma_1 - \sigma_3)_{\mathrm{o}}}{(\sigma_1 - \sigma_3)_{\mathrm{r}}}}{\dfrac{(\sigma_1 - \sigma_3)_{\mathrm{s}}}{(\sigma_1 - \sigma_3)_{\mathrm{o}}}} = \frac{(\sigma_1 - \sigma_3)_{\mathrm{o}}^2}{(\sigma_1 - \sigma_3)_{\mathrm{r}}(\sigma_1 - \sigma_3)_{\mathrm{s}}} \tag{6-2}$$

式中，$(\sigma_1 - \sigma_3)_i$ 为在 $i=$o，s，r 时在三轴应力条件下原状土、饱和原状土和扰动重塑土对应于轴应变 ε 的剪应力。

（3）动三轴应力条件下土结构性定量化参数 $m_{d\varepsilon}$（或 m_{dr}）为[151]：

$$m_{\mathrm{d}\varepsilon} = \frac{\sigma_{\mathrm{do}}^2}{\sigma_{\mathrm{ds}}\sigma_{\mathrm{dr}}} \tag{6-3}$$

或

$$m_{\mathrm{dr}} = \frac{\tau_{\mathrm{do}}^2}{\tau_{\mathrm{ds}}\tau_{\mathrm{dr}}} \tag{6-4}$$

式中，σ_{di}（或 τ_{di}）为在 $i=$o，s，r 时原状土、饱和原状土和重塑土在轴应变 ε（或 γ）下的动应力（或动剪应力）。

研究了原状结构性黄土在不同应力条件下的结构性定量化参数提出的物理意义的基础上，根据混合赤泥在不同工况下其强度的变化规律，提出了反映非饱和混合赤泥结构性强度形成规律的结构性定量化参数。通过一系列室内常规土工试验，对中国铝业贵州分公司赤泥堆场排放的烧结法赤泥和拜耳法赤泥按照配合比 1:1 混合的混合赤泥的力学特性的变化规律进行了追踪。混合赤泥经该公司液体状排出，经压滤机压滤到一定含水率后通过皮带直接排放到赤泥堆场，此时混合赤泥呈流塑状态，无胶结强度。赤泥在堆场堆存过程中，经过自然脱水、干燥，且发生了一系列物理化学反应，生成了大量的水泥水硬性矿物和碳酸钙矿物质，混合赤泥发生胶结硬化，具有了较强的结构性强度。混合赤泥由刚出厂的流塑状态到后期的胶结硬化状态，结构性强度经历了从无到有的过程。对比第 3 章中相同龄期混合赤泥在自然风干与浸水浸泡两种工况下，混合赤泥的黏聚力值的大小，发现相同龄期自然风干工况下混合赤泥的黏聚力值要明显的大于浸水浸泡工况，说明混合赤泥在滤水过程中生成了较大的结构性强度，混合赤泥的结构性主要体现在它的胶结特性上。

因此，非饱和混合赤泥在滤水过程中的结构性定量化参数可根据第 3 章混合赤泥的刚出厂试样和自然风干试样、浸水浸泡试样在固结排水三轴剪切试验下的应力-应变曲线，用三轴剪切试验条件下混合赤泥相同龄期自然风干试样和浸水浸泡试样与初始试样产生同一轴应变 ε_1 所对应的主应力差 $(\sigma_1-\sigma_3)_d$、$(\sigma_1-\sigma_3)_c$、$(\sigma_1-\sigma_3)_j$ 之间的比值来表示非饱和混合赤泥的结构性的强弱。此时，非饱和混合赤泥的结构性定量化参数 m_c 的表达式为：

$$m_c = \frac{\dfrac{(\sigma_1-\sigma_3)_d}{(\sigma_1-\sigma_3)_c}}{\dfrac{(\sigma_1-\sigma_3)_j}{(\sigma_1-\sigma_3)_d}} = \frac{(\sigma_1-\sigma_3)_d^2}{(\sigma_1-\sigma_3)_c(\sigma_1-\sigma_3)_j} \quad (6-5)$$

式中，$(\sigma_1-\sigma_3)_d$、$(\sigma_1-\sigma_3)_c$、$(\sigma_1-\sigma_3)_j$ 分别为在三轴应力条件下自然风干试样、刚出厂试样、浸水浸泡试样产生同一轴应变 ε_1 所对应的主应力差。

混合赤泥由刚出厂时的软弱状态，在堆存过程中经脱水干燥硬化等物理化学过程，形成了以胶结强度为主的结构性强度。随着堆存时间的延长，混合赤泥颗粒之间的联结增强。当 $m_c \leqslant 1.0$ 时，混合赤泥无胶结强度；当 $m_c \geqslant 1.0$ 时，有胶结强度。m_c 越大，混合赤泥的结构性越强。

6.2 土的结构性本构模型

6.2.1 结构性本构模型研究进展

土结构性模型的研究被称为"21世纪土力学的核心问题"[152]，土结构性模型或考虑结构性影响的土本构关系的研究和探索已初步展开[109,110,153~155]。土力学奠基人太沙基强调指出，应当注意黏性土的结构性对其变形与强度特性的重要影响[156]；J. K. Mitchell[157]、H. B. Seed 等[158] 和 R. E. Olson 等[159] 同样指出，结构性对土的力学与工程特性的影响应当引起足够的重视。

迄今为止，描述土体应力-应变本构关系的模型主要分为两大类：一类是弹性模型，包括线性弹性模型和非线性弹性模型，其中 E-ν 模型和 K-G 模型较为经典；另一类是弹塑性模型，其中剑桥模型、沈珠江的双屈服面模型、清华模型等应用较为广泛。弹塑性模型虽然能够较好地反映土的实际变形特征和内部机理，以及土体的硬化、软化和剪胀性质，由于其计算过程复杂、参数求取相对困难，因此在工程领域的使用受到限制。而非线性弹性模型（E-ν 模型）既能较好地模拟土的实际力学性质，又因为形式简洁、参数较容易求取，故在工程领域中的应用较为广泛。

目前，工程中普遍应用的非线性弹性模型和弹塑性模型均不考虑土结构性的影响，因而当用于结构性较强的土时，计算结果与实际情况可能会有较大的差异。众学者针对上述现状，对现有土体的本构模型进行了一定程度的修正，以期符合结构性土体的本构关系。目前已有的描述土结构性的本构关系主要分为两种：一种是直接用模型来描述土结构的破坏现象，从而推导出土的应力-应变关系式[153,154]；另一种是结合土的结构性对常用的本构模型直接进行修正[110,155]。

沈珠江把结构性土的力学特性看作是原状土向损伤土的演化[160]。随着对结构性土的研究逐步深入，对结构性土本构关系的认识也有了长足的进步。谢定义等[90]提出了以综合结构势反映结构性土的力学特性；李金柱等[161]和 M. Kavvadas等[162]均在原有边界面模型概念的基础上，引入反映结构性土的新参数，建立了适用于结构性土的本构模型；刘恩龙[163]基于岩土二元介质模型概念，引入剪切分担率，将结构性土的强度分配到胶结带和软弱带，建立了结构性土的强度准则；杨爱武等[164]对结构性吹填软土流变特性进行分析，考虑结构损伤变量，建立了结构性土的流变经验模型；邵生俊等[165~168]对结构性黄土进行了系统研究，定义了构度和应力比，找出了结构性黄土强度特性随其变化的规律，并在此基础上建立了结构性黄土的屈服面方程。

对结构性土复杂的数学模型，将其应用到工程实际是应该关注的问题。工程应用上，邓肯-张模型[169]由于能较好地反映土体的非线性状态，具有概念清楚、易于理解、数学公式相对简单、意义较为明确、参数较易确定等特点，在岩土工程和地下工程的数值分析中得到广泛应用[170]，但是邓肯-张模型是在重塑土的基础上提出的，直接用于原状土时可能会产生较大差异。目前，土的结构性本构关系的研究尚不成熟，建立新的结构性本构模型又有一定的困难。因此，针对结构性土的特点，在原有模型基础上进行改进成了有效的手段。其中，王立忠等[110]运用损伤比对邓肯-张模型进行修正，将结构性土的应力应变曲线分三段考虑，模拟了结构性土的应力-应变曲线；陈昌禄等[112]、骆亚生等[114,115]利用综合结构势将结构性黄土软化曲线转化为硬化曲线，将其更好地应用于邓肯-张模型中。

目前，确定邓肯-张模型参数的比较可靠的方法是室内三轴剪切试验，也是利用比较广泛的试验方法。张云等[171]利用三轴剪切排水试验得到了上海各主要土层的邓肯-张模型参数，并研究了模型参数的变化规律和取值特点。史三元等[172]对典型粉质黏土进行了三轴剪切试验，得到了粉质黏土的邓肯-张模型参数。基于以上研究成果，不同类型土样的邓肯-张模型参数取值取得了一定的进展，所得到的模型参数可为实际工程中岩土工程问题的分析计算提供一定的依据。

6.2.2 邓肯-张模型

邓肯-张（Duncan-Chang）模型[169]是典型的 $E-\nu$ 型模型，它以常规三轴排水试验（CD 试验）得到的 $(\sigma_1-\sigma_3)-\varepsilon_1$ 曲线和 $\varepsilon_v-\varepsilon_1$ 曲线为确定 E_t 和 ν_t 的依据。

在大量常规三轴试验的基础上，R. L. Kondner[173]认为，可以用双曲线拟合土的应力-应变关系曲线，如图6-1(a)所示。

$$\sigma_1 - \sigma_3 = \frac{\varepsilon_1}{a + b\varepsilon_1} \tag{6-6}$$

式中，σ_1，σ_3分别为轴向应力和围压；$\sigma_1-\sigma_3$为偏应力；ε_1为轴向应变；$a = \dfrac{1}{\left(\dfrac{\sigma_1 - \sigma_3}{\varepsilon_1}\right)_{\varepsilon_1 \to 0}} = \dfrac{1}{E_i}$，其中$E_i$为初始切线模量；$b$为试验参数，$b = \dfrac{1}{(\sigma_1 - \sigma_3)_{\varepsilon_1 \to \infty}} = \dfrac{1}{(\sigma_1 - \sigma_3)_{\mathrm{ult}}}$，其中$(\sigma_1 - \sigma_3)_{\mathrm{ult}}$为理论双曲线的最终值，即$(\sigma_1-\sigma_3)$的极限值。

将式（6-6）改写成：

$$\frac{\varepsilon_1}{\sigma_1 - \sigma_3} = a + b\varepsilon_1 \tag{6-7}$$

从式（6-7）可以看出，这是一条直线方程，截距为a，斜率为b，如图6-1(b)所示。

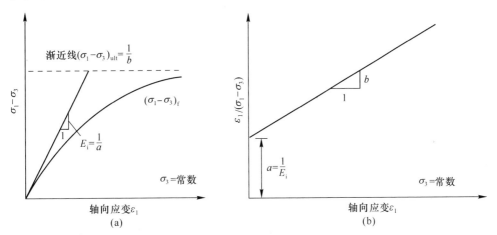

图6-1　双曲线应力-应变关系图

(a) $(\sigma_1-\sigma_3)$-ε_1曲线；(b) $[\varepsilon_1/(\sigma_1-\sigma_3)]$-$\varepsilon_1$曲线

从图6-1(b)的直线上很容易确定a、b的数值，根据a、b的计算公式，可得到σ_3为某一数值时的E_i和$(\sigma_1-\sigma_3)_{\mathrm{ult}}$，则式（6-6）可改写为：

$$\sigma_1 - \sigma_3 = \frac{\varepsilon_1}{\dfrac{1}{E_i} + \dfrac{\varepsilon_1 R_f}{(\sigma_1 - \sigma_3)_f}} \tag{6-8}$$

式中，$(\sigma_1 - \sigma_3)_f$为试样破坏时的主应力差；R_f为破坏比，$R_f = (\sigma_1 - \sigma_3)_f/(\sigma_1 - \sigma_3)_{\mathrm{ult}}$，即土的破坏剪应力$(\sigma_1 - \sigma_3)_f$与最终的极限剪应力（曲线渐近线对应的剪

应力 $(\sigma_1 - \sigma_3)_{\text{ult}}$ 之比，一般取 $0.75 \sim 1.0$，实际上可视为与 σ_3 无关。

式 (6-8) 对轴应变 ε_1 求导，得到图 6-1(a) 曲线上任意一点的切线模量 E_t 的计算公式：

$$E_t = \frac{\mathrm{d}\sigma_1}{\mathrm{d}\varepsilon_1} = \frac{\mathrm{d}(\sigma_1 - \sigma_3)}{\mathrm{d}\varepsilon_1} = \frac{a}{(a + b\varepsilon_1)^2} = \frac{\dfrac{1}{E_i}}{\left[\dfrac{1}{E_i} + \dfrac{\varepsilon_1 R_f}{(\sigma_1 - \sigma_3)_f}\right]^2} \tag{6-9}$$

经推导，最后可得：

$$E_t = (1 - R_f S)^2 E_i \tag{6-10}$$

式中，S 为应力水平，作用剪应力与破坏剪应力比值，$S = (\sigma_1 - \sigma_3)/(\sigma_1 - \sigma_3)_f$。当将其用 Mohr-Coulomb 准则表示时，有：

$$S = \frac{(\sigma_1 - \sigma_3)(1 - \sin\varphi)}{2c\cos\varphi + 2\sigma_3\sin\varphi} \tag{6-11}$$

$$R_f = \frac{2c\cos\varphi + 2\sigma_3\sin\varphi}{1 - \sin\varphi} b \tag{6-12}$$

E_i 为初始切线模量，它随着 σ_3 的增大而增大，Janbu(1963) 得出的关系式为：

$$E_i = \frac{1}{a} = Kp_a \left(\frac{\sigma_3}{p_a}\right)^n \tag{6-13}$$

式中，p_a 为大气压力；K，n 为土性参数。

将式 (6-11)、式 (6-13) 代入式 (6-10)，最后得到切线模量 E_t 的表达式：

$$E_t = \left[1 - \frac{R_f(\sigma_1 - \sigma_3)(1 - \sin\varphi)}{2c\cos\varphi + 2\sigma_3\sin\varphi}\right]^2 Kp_a \left(\frac{\sigma_3}{p_a}\right)^n \tag{6-14}$$

式中，E_t 为切线变形模量；R_f 为破坏应力比；c，φ 分别为土的黏聚力与内摩擦角；p_a 为大气压力；K，n 为试验常数。

以上就是邓肯-张模型的切线模量 E_t 的公式推导过程，式 (6-14) 称为邓肯-张模型的本构方程式，适用于正常固结的黏性土。邓肯-张模型中涉及到八个参数，分别为 c、φ、R_f、K、n、D、G、F，其中 D、G、F 是用于计算土体泊松比 ν 的参数，前五个参数 c、φ、R_f、K、n 则是用来计算土体的切线模量 E_t，通过正常固结土的常规三轴剪切试验即可计算出这些参数的具体数值。从上述邓肯-张模型推导过程可以看出，该模型参数简单易确定，实用性较强。但邓肯-张模型的建立是基于重塑土的三轴剪切试验，天然土体由于结构性的影响其应力-应变关系与重塑土性质截然不同，它不能反映土体的软化及各向异性性质，从而使结果出现偏差。因此，当将邓肯-张模型应用于具有较强结构性的非饱和混合赤泥时，要对邓肯-张模型进行一定的修正。

6.3　考虑非饱和混合赤泥结构性的修正邓肯-张模型

6.3.1　混合赤泥结构性定量化参数 m_c 与变形强度的关系

如前所述，邓肯-张模型是基于完全重塑土建立的非线性本构模型，其应力-应变曲线为双曲线。而非饱和混合赤泥由于结构性强度的存在，其应力-应变曲线不一定是双曲线（见图3-5），此时直接利用邓肯-张模型来计算非饱和混合赤泥的应力-应变关系曲线必然存在一定的困难。

结构性强的非饱和混合赤泥在三轴围压下的应力-应变曲线均具有峰值点，呈软化型曲线，曲线明显地分为3段[174]：第1段为结构没有破坏状态下的近似弹性变形，曲线呈单调上升趋势；第2段为结构大量破坏阶段，曲线呈下降趋势；第3段曲线呈水平趋势，轴向应变继续增大，但应力水平不再变化。这种应力-应变曲线是一种不稳定形态的曲线，无论是利用数学函数来描述，还是利用力学建立本构关系模型，都有一定的难度。如果能利用结构性参数将非饱和混合赤泥的应力-应变曲线校正为硬化型曲线，则一方面说明定义的结构性参数合理有效，另一方面也可以利用邓肯-张模型来计算非饱和混合赤泥的应力-应变关系。

为此，在不同脱水龄期混合赤泥的应力-应变曲线中引入结构性参数 m_c，对非饱和混合赤泥的应力-应变曲线进行校正。在剪切过程中，将实时剪应力 $(\sigma_1-\sigma_3)_d$ 除以结构性参数 m_c，再绘制 $(\sigma_1-\sigma_3)_d/m_c$ 与 ε_1 关系曲线，其变化规律如图6-2所示。经过校正后，非饱和混合赤泥的软化或弱软化型应力-应变曲线（见图3-5）变成如图6-2所示的硬化型曲线，此时的应力-应变曲线即可用邓肯-张模型的双曲线来描述。

6.3.2　非饱和混合赤泥结构性本构模型的建立

研究和实践均表明，邓肯-张模型具有简明实用的优点，但它建立的基础是应力和应变之间、轴向应变和侧向应变之间均具有可用双曲线描述的关系。本章利用非饱和混合赤泥的结构性参数 m_c，将不同脱水龄期的非饱和混合赤泥的应变软化型应力-应变曲线校正为良好的应力-应变双曲线形态，可以使邓肯-张模型的思路得到向非饱和混合赤泥结构性本构模型扩展的重要依据。因此，本章用 $[(\sigma_1-\sigma_3)_d/m_c]-\varepsilon_1$ 曲线采用类似邓肯-张模型的处理方法，建立不同脱水龄期非饱和混合赤泥结构性本构关系。

对某一围压 σ_3 下的 $[(\sigma_1-\sigma_3)_d/m_c]-\varepsilon_1$ 曲线（见图6-3(a)），用双曲线来拟合可以写为：

$$\frac{(\sigma_1 - \sigma_3)_d}{m_c} = \frac{\varepsilon_1}{a + b\varepsilon_1} \tag{6-15}$$

或

$$\frac{\varepsilon_1}{(\sigma_1 - \sigma_3)_d / m_c} = a + b\varepsilon_1 \tag{6-16}$$

式中，a、b 为试验常数，很显然若以 $\dfrac{\varepsilon_1 m_c}{(\sigma_1 - \sigma_3)_d}$ 为纵坐标，以 ε_1 为横坐标构成新的坐标系，则双曲线可转化为图 6-3(b) 所示的曲线，其中 a 为截距，b 为斜率。

式（6-15）和式（6-16）为非饱和混合赤泥的结构性应力-应变关系曲线的结构性本构关系的表达式，将 $(\sigma_1-\sigma_3)_d / m_c$ 称为结构性应力，用 q_c 表示。用类似邓肯-张模型的参数计算方法，确定出非饱和混合赤泥不同脱水龄期的结构性切线弹性模量 E_{ct}、结构性初始切线模量 E_{ci}、结构性应力水平 S_c 以及结构性破坏比 R_{cf} 等。

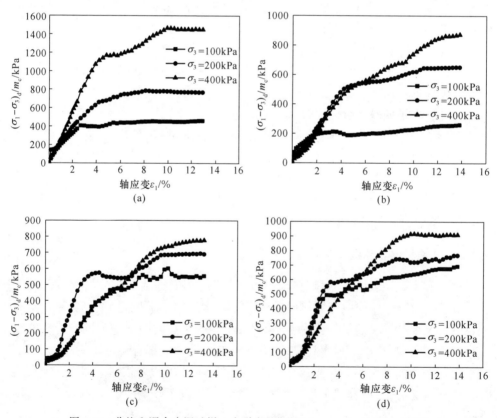

图 6-2 非饱和混合赤泥试样 4 个脱水龄期的 $[(\sigma_1-\sigma_3)_d / m_c]$-$\varepsilon_1$ 曲线

(a) 龄期 7d；(b) 龄期 28d；(c) 龄期 70d；(d) 龄期 120d

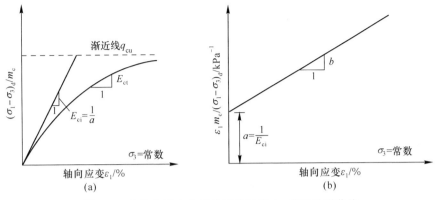

图 6-3 非饱和混合赤泥的结构性应力-应变关系曲线

(a) $[(\sigma_1-\sigma_3)_{\rm d}/m_{\rm c}]$-$\varepsilon_1$ 曲线；(b) $[\varepsilon_1 m_{\rm c}/(\sigma_1-\sigma_3)_{\rm d}]$-$\varepsilon_1$ 曲线

邓肯-张非线性弹性模型由于参数明确易求，在工程领域是应用最广泛的本构模型。在利用邓肯-张模型按照试验规范的规定进行实际工程的数据处理时发现，得到的参数 K、n、破坏比 $R_{\rm f}$ 的计算值与实际值有较大的误差。在利用试验规范规定的方法计算邓肯-张模型的参数 K、n、$R_{\rm f}$ 时，是假定三轴剪切试验应力-应变曲线完全符合双曲线，将原曲线经坐标变换后直接求取模型参数。但实际上通过三轴剪切试验得到的应力-应变曲线并不完全符合双曲线[175~177]。目前，众多学者通过试验论证认为规范[178]所采用的利用应力-应变曲线所有试验点来拟合直线或利用 70%～95% 应力水平的试验点来拟合直线，求取的参数 K、n、$R_{\rm f}$ 的值并不准确，且不符合模型参数的实际物理力学意义，因此提出了试验曲线试验点的选取方法。

张波等[179]、丁磊等[180] 采用全部法（全部试验点）、70～95 法（70%～95% 应力水平的试验点）及分段法（小应变试验点求参数 K、n，应力水平 70%～95% 的试验点求参数 $R_{\rm f}$）求取了邓肯-张模型参数 K、n、$R_{\rm f}$，将三种方法求取的参数拟合得到的应力-应变曲线与试验曲线进行了对比，并提出了选取试验点的几点建议：（1）可删除应力-应变关系曲线上的软化试验点；（2）对较小应变处的试验点，在有必要的情况下可平移或删除；（3）选取小围压下应力水平 70% 的试验点，作为所有试验点的起点；（4）以应力水平 95% 的试验点为最终试验点，删除跑点和规律不一致的点，对曲线进行调整。

基于上述邓肯-张模型选取试验点理论，在利用结构性定量化参数 $m_{\rm c}$ 对非饱和混合赤泥的软化应力-应变曲线修正为硬化型或弱硬化型应力-应变曲线后，在求取参数 $K_{\rm c}$、$n_{\rm c}$、$R_{\rm cf}$ 过程中，删除 $[\varepsilon_1 m_{\rm c}/(\sigma_1-\sigma_3)_{\rm d}]$-$\varepsilon_1$ 曲线中的软化点和剔除一些不规律点，如图 6-4 所示。对曲线进行调整后得到具有代表性的试验点，尽量减小计算误差，获得更为准确的模型参数。

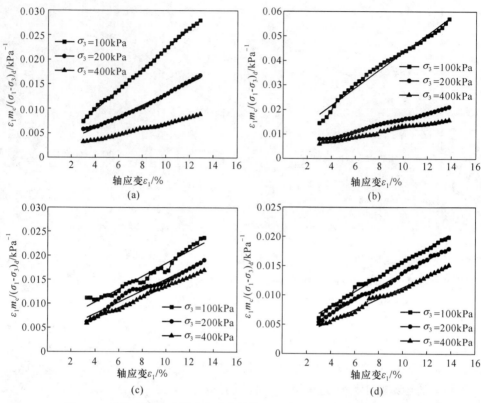

图 6-4　非饱和混合赤泥 4 个脱水龄期的 $[\varepsilon_1 m_c / (\sigma_1 - \sigma_3)_d] - \varepsilon_1$ 曲线

（a）龄期 7d；（b）龄期 28d；（c）龄期 70d；（d）龄期 120d

非饱和混合赤泥结构性本构模型式（6-15）中包含的土性参数 $a = 1/E_{ci}$，$b = 1/q_{cu}$ 均可用图 6-2 中 4 个脱水龄期混合赤泥的结构性应力-应变曲线转换成图 6-4 的直线来确定。对应于本次的试验得到的 4 个龄期不同围压下混合赤泥的结构性邓肯-张模型的常数见表 6-1。

表 6-1　非饱和混合赤泥在三轴应力条件下结构性本构关系试验常数

试样类型	围压 σ_3/kPa	a/kPa^{-1}	b/kPa^{-1}	E_{ci}/kPa	q_{cu}/kPa	R_{cf}
混合赤泥 （7d）	100	0.00151	0.00206	662.25	485.47	0.938
	200	0.00145	0.00115	689.66	869.57	0.886
	400	0.00129	5.72411×10^{-4}	775.19	1747.00	0.829
混合赤泥 （28d）	100	0.00726	0.00361	137.74	277.01	0.909
	200	0.00352	0.00126	284.09	793.65	0.817
	400	0.00329	9.3091×10^{-4}	303.95	1074.22	0.788

试样类型	围压 σ_3/kPa	a/kPa^{-1}	b/kPa^{-1}	E_{ci}/kPa	q_{cu}/kPa	R_{cf}
混合赤泥 (70d)	100	0.00494	0.00134	202.43	746.27	0.737
	200	0.00314	0.0012	318.47	833.33	0.830
	400	0.00258	0.00109	387.60	917.43	0.838
混合赤泥 (120d)	100	0.00316	0.00124	316.46	806.45	0.835
	200	0.00221	0.00115	452.49	869.57	0.858
	400	0.00176	9.52433×10^{-4}	568.18	1049.94	0.864

从表 6-1 可以看出，4 个脱水龄期非饱和混合赤泥的破坏比 R_{cf} 在各级围压下相差不大，可取 3 级围压下的平均值来代替该龄期混合赤泥的破坏比。4 个龄期的破坏比分别为 0.884、0.838、0.802、0.852，破坏比 R_{cf} 不随脱水龄期延长发生较大变化。因此，对于非饱和结构性混合赤泥来说，其破坏比 R_{cf} 可取 4 个脱水龄期破坏比的平均值来表示，$R_{cf} = 0.844$。

结构性初始切线模量 E_{ci} 随围压 σ_3 的变化而变化，这种影响可根据邓肯-张模型中采用的经验公式（6-17），通过双对数坐标下的 $\lg(E_{ci}/p_a) - \lg(\sigma_3/p_a)$ 关系曲线来描述，如图 6-5 所示，它给出了 4 个脱水龄期非饱和混合赤泥 $\lg(E_{ci}/p_a) - \lg(\sigma_3/p_a)$ 关系的试验结果曲线。该曲线可近似看成一条直线，其纵截距为 $\lg K_c$，斜率为 n_c。通过 $\lg(E_{ci}/p_a) - \lg(\sigma_3/p_a)$ 关系曲线可以求出结构性邓肯-张模型的参数 K_c 和 n_c，其结果见表 6-2。

$$\begin{cases} E_{ci} = K_c p_a (\sigma_3/p_a)^{n_c} \\ \lg(E_{ci}/p_a) = \lg K_c + n_c \lg(\sigma_3/p_a) \end{cases} \tag{6-17}$$

表 6-2　非饱和混合赤泥 4 个脱水龄期结构性本构关系参数 K_c、n_c

龄期/d	$\lg K_c$	K_c	n_c
7	0.81043	6.46294	0.11359
28	0.18412	1.52799	0.57094
70	0.32182	2.09807	0.46857
120	0.50642	3.20937	0.42216

从表 6-2 可以看出，拟合参数 K_c、n_c 由于脱水龄期的不同有较大的差异，通过对参数 K_c、n_c 与脱水龄期 t 进行拟合，得到模型参数 K_c、n_c 与脱水龄期 t 的拟合曲线，如图 6-6 所示，相应的拟合方程见式（6-18）和式（6-19）。

$$K_c = K_1 + \frac{K_2}{1 + (t/K_0)^3} \tag{6-18}$$

$$n_c = n_1 + \frac{n_2}{1 + (t/n_0)^3} \qquad (6-19)$$

式中，$K_0 = 17.5$，$K_1 = 1.958$，$K_2 = 4.51$；$n_0 = 13.5$，$n_1 = 0.476$，$n_2 = -0.372$。

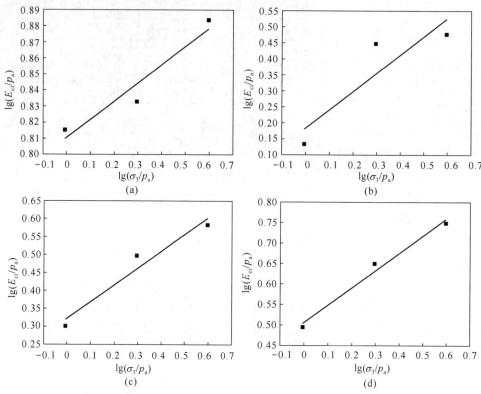

图 6-5 非饱和混合赤泥结构性 $\lg(E_{ci}/p_a) - \lg(\sigma_3/p_a)$ 关系曲线

（a）龄期 7d；（b）龄期 28d；（c）龄期 70d；（d）龄期 120d

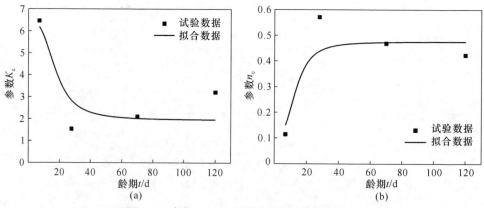

图 6-6 参数 K_c、n_c 与脱水龄期 t 的关系曲线

（a）参数 K_c 与龄期 t 的关系曲线；（b）参数 n_c 与龄期 t 的关系曲线

从图 6-6 和式（6-18）、式（6-19）可以看出：模型参数 K_c、n_c 与脱水龄期 t 的关系式可以用同一对数方程来表示，但其拟合数值和曲线变化规律有较大差距。参数 K_c 随着脱水龄期 t 的增大呈降低的趋势，在脱水龄期 70d 时趋于稳定。参数 n_c 的变化规律与参数 K_c 的变化规律却完全相反，随着脱水龄期 t 的增大呈增大的趋势，同样在脱水龄期 70d 时达到稳定状态，这与第 3 章中自然风干工况下混合赤泥无侧限抗压强度和黏聚力的变化规律相一致。由此可知，非饱和混合赤泥结构性邓肯-张模型参数 K_c、n_c 随脱水龄期 t 的变化规律与混合赤泥胶结强度的形成有直接的联系。

将参数 K_c、n_c 与龄期 t 的拟合关系式（6-18）和式（6-19）代入式（6-17）初始切线模量 E_{ci} 的经验公式，得到非饱和混合赤泥初始切线模量 E_{ci} 与围压 σ_3 和脱水龄期 t 的关系式：

$$E_{ci} = K_c p_a \left(\frac{\sigma_3}{p_a}\right)^{n_c} = \left[K_1 + \frac{K_2}{1 + (t/K_0)^3}\right] p_a \left(\frac{\sigma_3}{p_a}\right)^{n_1 + \frac{n_2}{1 + (t/n_0)^3}} \tag{6-20}$$

为了获得邓肯-张模型中的 $(\sigma_1 - \sigma_3)_{cf}$ 值，需要结构性抗剪强度指标 c_c、φ_c 两个参数。对应于摩尔-库仑准则，由任一围压下的结构性应力-应变关系曲线，得到此围压 σ_3 下混合赤泥破坏时的结构性应力 $q_{cf} = (\sigma_1 - \sigma_3)_{cf}$，绘出极限状态的 Mohr 圆示意图，如图 6-7 所示。

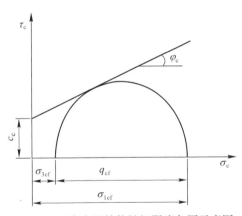

图 6-7　混合赤泥结构性极限摩尔圆示意图

对于 4 个脱水龄期的非饱和混合赤泥，可根据在三轴剪切过程中结构性应力-应变关系 $[(\sigma_1 - \sigma_3)_d/m_c] - \varepsilon_1$ 曲线，找到试样破坏时对应的结构性应力 $(\sigma_1 - \sigma_3)_{cf}$，分别得到破坏时不同围压 σ_3（100kPa，200kPa，400kPa）时的极限摩尔圆。连接这些摩尔圆的顶点，它们的坐标为：$q_{cf} = (\sigma_1 - \sigma_3)_{cf}/2$，$p_{cf} = (\sigma_1 + \sigma_3)_{cf}/2$，即得结构性的破坏应力路径，或称为结构性破坏线（$q_{cf}$-$p_{cf}$ 线）。它可用直线表示，直线的斜率和纵轴截距分别为 α_c 和 a_c，如图 6-8 所示。

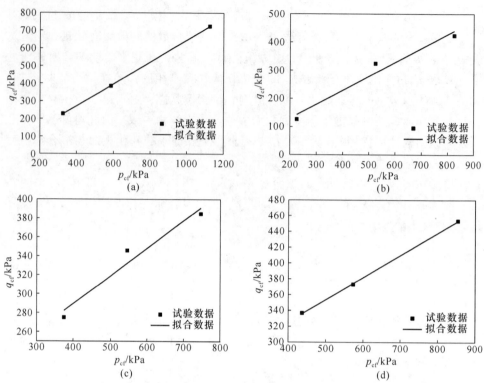

图 6-8 非饱和混合赤泥 4 个脱水龄期的结构性破坏主应力线（q_{cf}-p_{cf}）

（a）龄期 7d；（b）龄期 28d；（c）龄期 70d；（d）龄期 120d

可利用式（6-21）和式（6-22）求得相应的结构性抗剪强度指标 φ_c、c_c，即：

$$\varphi_c = \sin^{-1} \tan\alpha_c \tag{6-21}$$

$$c_c = \frac{a_c}{\cos\varphi_c} \tag{6-22}$$

由式（6-21）、式（6-22）和图 6-8 可以计算出 4 个脱水龄期非饱和混合赤泥结构性抗剪强度指标 c_c、φ_c，结果见表 6-3。

表 6-3 非饱和混合赤泥 4 个脱水龄期结构性抗剪强度指标 c_c、φ_c

龄期/d	截距 a_c/kPa	斜率 α_c	c_c/kPa	φ_c/(°)
7	21.79	0.62436	27.90	38.64
28	30.12	0.49756	34.72	29.84
70	172.40	0.29286	180.31	17.03
120	213.19	0.28098	222.14	16.32

由表 6-3 可以看出，结构性抗剪强度指标黏聚力 c_c 和内摩擦角 φ_c 均随着龄

期的延长发生较大的变化。为了得到结构性抗剪强度指标 c_c 和 φ_c 与脱水龄期 t 的关系表达式，对不同脱水龄期混合赤泥的结构性抗剪强度指标 c_c 和 φ_c 与脱水龄期 t 进行数值拟合，得到结构性抗剪强度指标 c_c 和 φ_c 与龄期 t 的拟合曲线，如图6-9所示，相应的拟合方程见式（6-23）和式（6-24）。

$$c_c = \frac{c_1}{1 + c_2 e^{-c_3 t}} \tag{6-23}$$

$$\varphi_c = \varphi_1 + \varphi_2 e^{-t/\varphi_3} \tag{6-24}$$

式中，$c_1 = 225.78$，$c_2 = 27.06$，$c_3 = 0.066$；$\varphi_1 = 14.10$，$\varphi_2 = 30.09$，$\varphi_3 = 37.93$。

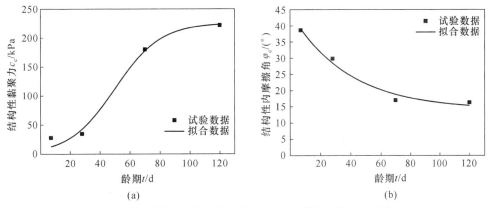

图6-9　结构性抗剪强度指标 c_c、φ_c 与龄期 t 的关系曲线

（a）黏聚力 c_c 与龄期 t 的关系曲线；（b）内摩擦角 φ_c 与龄期 t 的关系曲线

从图6-9和式（6-23）、式（6-24）可以看出：非饱和混合赤泥结构性抗剪强度指标黏聚力 c_c 随着龄期的延长，呈增长趋势，在龄期70d时基本趋于稳定，这与第3章自然风干工况下混合赤泥的黏聚力的增长趋势一致。相对于第3章中风干工况下混合赤泥内摩擦角基本不变的变化规律和浸水浸泡工况下混合赤泥内摩擦角呈降低趋势的变化规律来说，结构性内摩擦角的变化呈现与浸水浸泡混合赤泥内摩擦角变化规律相一致的情况，结构性内摩擦角随着脱水龄期的延长呈先降低后趋于稳定的变化规律。

由土力学中导出的 Mohr-Coulomb 破坏准则，引入结构性强度参数 c_c、φ_c，有：

$$(\sigma_1 - \sigma_3)_{cf} = \frac{2c_c \cos\varphi_c + 2\sigma_3 \sin\varphi_c}{1 - \sin\varphi_c} \tag{6-25}$$

通过上述各计算公式，分别得到结构性邓肯–张模型的参数 K_c、n_c、R_{cf}、c_c、φ_c 等的试验值，将所得到的相关量代入式（6-14）中，就得到非饱和混合赤泥结构性邓肯–张模型的切线弹性模量 E_{ct}：

$$E_{ct} = \left[1 - R_{cf} \frac{(1 - \sin\varphi_c)(\sigma_1 - \sigma_3)_c}{2c_c\cos\varphi_c + 2\sigma_3\sin\varphi_c} \right]^2 K_c p_a \left(\frac{\sigma_3}{p_a} \right)^{n_c}$$

其中：

$$K_c = K_1 + \frac{K_2}{1 + (t/K_0)^3}$$

$$n_c = n_1 + \frac{n_2}{1 + (t/n_0)^3}$$

$$c_c = \frac{c_1}{1 + c_2 e^{-c_3 t}}$$

$$\varphi_c = \varphi_1 + \varphi_2 e^{-t/\varphi_3} \tag{6-26}$$

式中，R_{cf} 为破坏比，不随龄期变化，取常数 0.844；K_c、n_c、c_c、φ_c 均为龄期 t 的非线性函数，且各参数均是常数，其中 $K_0 = 17.5$、$K_1 = 1.958$、$K_2 = 4.51$，$n_0 = 13.5$、$n_1 = 0.476$、$n_2 = -0.372$，$c_1 = 225.78$、$c_2 = 27.06$、$c_3 = 0.066$，$\varphi_1 = 14.10$、$\varphi_2 = 30.09$、$\varphi_3 = 37.93$。

将修正的邓肯-张模型中参数 K_c、n_c、c_c、φ_c 与龄期 t 的关系式代入邓肯-张模型的双曲线公式（式（6-15）或式（6-16）），最终得到非饱和混合赤泥的结构性邓肯-张模型，见式（6-27）或式（6-28）。

$$\frac{(\sigma_1 - \sigma_3)_d}{m_c} = \frac{\varepsilon_1}{a + b\varepsilon_1} = \frac{\varepsilon_1}{\dfrac{1}{E_{ci}} + \dfrac{1}{(\sigma_1 - \sigma_3)_{cf}}\varepsilon_1}$$

$$= \frac{\varepsilon_1}{\dfrac{1}{\left[k_1 + \dfrac{k_2}{(t/k_0)^3} \right] p_a \left(\dfrac{\sigma_3}{p_a} \right)^{\left[n_1 + \frac{n_2}{1 + (t/n_0)} \right]}} + \dfrac{1 - \sin(\varphi_1 + \varphi_2 e^{-t/\varphi_3})}{2 \dfrac{c_1}{1 + c_2 e^{-c_3 t}} \cos(\varphi_1 + \varphi_2 e^{-t/\varphi_3}) + 2\sigma_3 \sin(\varphi_1 + \varphi_2 e^{-t/\varphi_3})} \varepsilon_1}$$

$$\tag{6-27}$$

或

$$\frac{\varepsilon_1}{(\sigma_1 - \sigma_3)_d/m_c} = a + b\varepsilon_1 = \frac{1}{E_{ci}} + \frac{1}{(\sigma_1 - \sigma_3)_{cf}}\varepsilon_1$$

$$= \frac{1}{\left[k_1 + \dfrac{k_2}{(t/k_0)^3} \right] p_a \left(\dfrac{\sigma_3}{p_a} \right)^{\left[n_1 + \frac{n_2}{1 + (t/n_0)} \right]}} + \dfrac{1 - \sin(\varphi_1 + \varphi_2 e^{-t/\varphi_3})}{2 \dfrac{c_1}{1 + c_2 e^{-c_3 t}} \cos(\varphi_1 + \varphi_2 e^{-t/\varphi_3}) + 2\sigma_3 \sin(\varphi_1 + \varphi_2 e^{-t/\varphi_3})} \varepsilon_1$$

$$\tag{6-28}$$

因此，在混合赤泥强度变形的有限元分析中，当在程序中应用的本构关系为邓肯-张模型时，则可直接用已经求得的结构性本构模型参数与对应的参数作相互替换。基于上述理论，在下一章对不同堆存高度、不同降雨工况下混合赤泥堆体在利用现有拜耳法赤泥库继续向上堆存过程中的应力变形进行分析时，对非饱和混合赤泥应用邓肯-张模型进行计算，可将根据式（6-27）或式（6-28）结构性邓肯-张模型计算出的不同脱水龄期混合赤泥的结构性参数直接代入进行计算分析，计算结果与实际情况会更为相符。

至于结构性邓肯-张 $E-\nu$ 模型需要的 ν 值，同样可由试验有关应变的关系推出。但考虑到 ε_1，ε_3 中均已反映了结构性的影响，对作为其比值的泊松比 ν 值仍可采用一般邓肯-张模型的表达式或数值。

6.3.3 混合赤泥结构性邓肯-张模型的检验

为了验证本书提出的非饱和混合赤泥结构性本构关系的正确性，如果利用 4 个脱水龄期非饱和混合赤泥的各有关模型参数计算出其非饱和混合赤泥结构性应力-应变关系，再将其换算为类似试验曲线的 $(\sigma_1-\sigma_3)_d-\varepsilon_1$ 曲线，则这些曲线与本书试验曲线对比可以检验结构性模型的适用性。图 6-10 对围压为 100kPa、200kPa、400kPa 时，脱水龄期为 7d、28d、70d、120d 的混合赤泥的计算曲线与

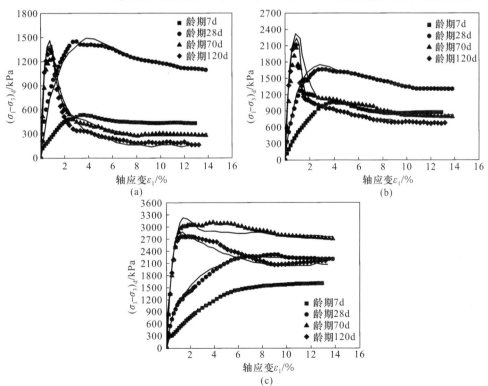

图 6-10 不同脱水龄期混合赤泥应力-应变关系计算值与试验值的比较

（a）围压 $\sigma_3=100$kPa；（b）围压 $\sigma_3=200$kPa；（c）围压 $\sigma_3=400$kPa

试验曲线的一致性进行了检验（图中实线为模型计算曲线，点为试验结果点）。

从计算结果和试验曲线对比可以看出，不同围压、不同脱水龄期非饱和混合赤泥应力-应变关系曲线的计算值与试验值具有很好的一致性。从而表明，本书提出的非饱和混合赤泥的结构性本构关系能够很好地模拟三轴应力条件下不同脱水龄期非饱和混合赤泥的强度和变形特性。

6.4 本章小结

本章以三轴应力条件下非饱和混合赤泥不同脱水龄期的应力-应变曲线为基础，提出了非饱和混合赤泥变形与强度的结构性定量化参数 m_c 的计算方法，对邓肯-张模型进行了修正，并得到以下结论：

（1）混合赤泥从刚出厂无胶结状态经露天堆存脱水到后期的固结硬化状态，形成了较大的结构性强度。本书基于黄土综合结构势的理论，提出了非饱和混合赤泥变形与强度的结构性定量化参数 m_c 的计算公式。

（2）在分析了将非饱和混合赤泥结构性定量化参数引入土力学特性关系考虑结构性对应力-应变关系的影响后，可以将软化型或弱软化型的曲线用双曲线表示的特点，进而提出了将邓肯-张模型建立的思路拓展到非饱和混合赤泥结构性本构关系的依据与方法。

（3）推导了非饱和混合赤泥结构性邓肯-张模型的计算公式，确定了 4 个脱水龄期非饱和混合赤泥的有关模型参数，并对模型参数 K_c、n_c、c_c、φ_c 与脱水龄期 t 进行了非线性拟合，分别得到了参数 K_c、n_c、c_c、φ_c 与龄期 t 的拟合关系式；将其代入切线弹性模量 E_{ct} 的计算公式，得到了切线弹性模量 E_{ct} 与龄期 t 的数值关系式。利用修正的邓肯-张模型进行了不同脱水龄期混合赤泥应力-应变曲线的计算，并将该模型计算结果与实际试验结果对比，得到了吻合较好的结果，表明了所提出的非饱和混合赤泥的结构性本构关系的正确性。

（4）在三轴应力条件下不同脱水龄期非饱和混合赤泥结构性本构模型的相关参数均可由试验曲线直接求取，在利用邓肯-张模型对复杂应力条件下混合赤泥堆体的稳定性进行有限元分析时，可直接将求取的结构性本构模型参数值与通常计算的参数值进行替换。由于结构性本构关系涵盖了混合赤泥湿度、密度、固结应力等主要影响因素，可在很大程度上反映非饱和混合赤泥变形强度的本质，具有广泛的应用前景。

7 降雨条件下混合赤泥堆体的稳定性分析

混合赤泥在原有拜耳法赤泥堆体上继续向上续堆过程中，随着堆载高度的增加，在雨水的冲刷与浸渍作用下，堆体的稳定性受到较大程度的影响。在收集中国铝业贵州分公司赤泥堆场所在贵阳市白云区多年气象资料，得到该区域降雨特征的基础上，选取了三种比较有代表性的降雨工况；利用有限元软件 GeoStudio 中的 SLOPE/W、SEEP/W 和 SIGMA/W 三个模块对三种降雨工况下、堆存高程为 1380m 和 1390m 赤泥堆体的稳定性进行了耦合分析，得到了不同降雨工况、不同高程下赤泥堆体的安全系数，为在原有拜耳法赤泥堆体上继续安全向上堆存提供一定的理论依据。

7.1 赤泥堆体稳定性计算模型

7.1.1 赤泥堆体区域概况

中国铝业贵州分公司赤泥堆场前三十年排放的赤泥均采用湿法堆存工艺。随着赤泥产量的继续增加，初期坝子坝的级数也越来越大，赤泥库的有效库容越来越小，库区排渗调洪功能也逐渐减弱，整个库区的安全稳定性也逐渐降低。随着坝体继续升高，若继续采用湿法堆存，风险会越来越大。因此，该公司提出了"干法整体扩容"的方案，将湿法堆存工艺改为干法堆存，从根本上降低水的危害。经室内试验、现场试验验证，赤泥堆场采用干法堆存工艺极大地提高了堆体的安全性和稳定性，同时又有效地减轻了因赤泥附液渗漏对周边环境的影响。

图 7-1 为赤泥堆场干法混合赤泥堆存现状，尾矿库底部为原湿法堆存的拜耳法赤泥，含水量大、强度低。干法混合赤泥与湿法拜耳法赤泥之间铺设有土工布和砂垫层作为排水措施。堆体底部拜耳法赤泥在长期上部荷载的作用下，其压实度已到达 90% 以上。干法压滤的混合赤泥通过压滤机压滤后使其含水率在 30%~35% 的水平，通过履带运送至堆填区域。在填筑施工中，利用碾压机械对堆积的赤泥进行碾压，每层厚度为 30~40cm，每层的碾压遍数为 4 遍，使混合赤泥堆体的压实度达到 90% 左右。赤泥碾压以平碾为主，且与推土机结合使用，保证压滤的赤泥面层平整，有利于排出雨水。赤泥堆场整体排放赤泥时采用分块轮作堆填

和碾压，施工完成第一层后，间隔一段时间后，再填筑第二层，给予每一层以充分的晾晒、风干的机会。

图 7-1　混合赤泥现场堆载

中国铝业贵州分公司大规模整体扩容的赤泥高度目前定为 1390m，分阶段高度为 1370m、1380m。在 1370m 高度以下，5 号、6 号库池延续湿法堆存加高，即水力充填排放赤泥浆体后逐层沉积在库池中。与此同时，2 号、3 号库池则开始采用干法堆存加高，即用压滤机对来自该公司的赤泥浆体进行压滤，生成干赤泥块后送到库中碾压填筑。在 2 号、3 号库池和 5 号、6 号库池中沉积了大量的流塑状或软塑状的拜耳法赤泥，一旦由湿法堆存改为干法堆存，就要以拜耳法赤泥沉积层作为地基往上填筑干法压滤赤泥。高程 1370m 以上阶段 4 个库池全部采用干法堆存工艺，填筑到 1380m 高程，然后进行一次中期勘察和分析论证，若满足堆存安全要求，则继续加高到 1390m。

随着堆存高度的增加，赤泥堆体的稳定性将逐渐降低，加上降雨入渗的弱化作用，堆体有失稳溃坝的可能，有必要建立相应的模型对干法混合赤泥堆体进行稳定性计算分析。根据各赤泥库的堆存历史，本章选取 2 号、3 号库池和 5 号、6 号库池中混合赤泥堆体为研究对象，通过有限元软件计算了不同堆存高度、不同降雨条件下赤泥堆体的安全系数，为赤泥堆体继续安全向上堆存提供一定的理论依据。

7.1.2　赤泥堆体计算断面简图

从图 7-1 中混合赤泥的现场堆载图可以看出，赤泥堆体从底部基岩到上部新存的干法混合赤泥，主要分为三层。为了尽快地排出新续堆干法混合赤泥的附液，减小其对下部拜耳法赤泥的影响，在堆体下部拜耳法赤泥层与上部新续堆的干法混合赤泥之间铺设有一层土工布和砂垫层。因此在建立渗流计算模型时，将两层赤泥的接触面利用土工布连接，且该接触面的透水性较好。对赤泥堆体在降雨条件下的稳定性进行计算时，由于赤泥库底部基岩上部铺设有为防止赤泥渗漏的严密的防渗层，且基岩的刚度较大，最危险滑面很难延伸到下部基岩中，故在做最危险滑面分析时可直接将底部基岩视作刚性支承面。

2号、3号库池和5号、6号库池中混合赤泥堆体模型断面简图如图7-2所示。库内湿法排放的流塑状的拜耳法赤泥沉积层厚度达40多米,底部灰岩坚硬致密,不考虑其影响。有限元分析时,采用分层加载,每层堆存高度取5m[181],干法混合赤泥的堆存高程由1370m堆载到1390m,因此,堆体分4层分别进行堆载。文献[182]对不同坡度、不同降雨工况下干法堆存赤泥堆体的稳定性进行了分析,研究发现,当堆体边坡坡度取45°时其稳定性处于临界状态,故混合赤泥堆体坡度取45°。

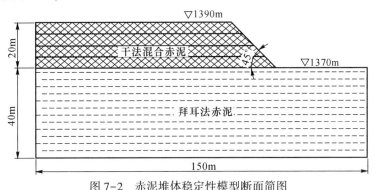

图7-2 赤泥堆体稳定性模型断面简图

7.2 计算理论与计算参数的选取

7.2.1 数值计算程序的选取

本章选用加拿大 GEO-SLOPE 公司开发的 GeoStudio 系列有限元软件对赤泥堆体的稳定性进行数值模拟分析。该软件共由8个子程序组成,分别是 SLOPE/W(边坡稳定性分析软件)、SEEP/W(地下水渗流分析软件)、SIGMA/W(应力变形有限元分析软件)、QUAKE/W(动力响应分析软件)、TEMP/W(地下热传递分析软件)、CTRAN/W(污染物运移分析软件)、AIR/W(水-气两相流分析软件)以及 VADOSE/W(地表环境下非饱和区渗流分析软件)。

根据拟定的研究目的,选用 SLOPE/W、SEEP/W 和 SIGMA/W 三个模块对不同堆存高度、不同降雨工况下混合赤泥堆体稳定性进行耦合分析。SEEP/W 用于计算不同边界条件时赤泥堆体内的渗流场变动情况,边界条件可用一定的函数式设置在程序之中,所得数据导入 SIGMA/W 中进行应力和变形计算,再将其计算所得数据导入 SLOPE/W 之中,就可以得到不同工况下堆体的安全系数值。程序开发所用的饱和-非饱和渗流微分方程、数学/经验模型以及基于的其他渗流基本理论,与本书的研究思路一致,故认为程序计算所得结果不失从宏观角度来考察一般性规律的目的,可用于完善或印证本书已取得的研究成果。

7.2.2　模型计算的基本理论

7.2.2.1　饱和-非饱和渗流的基本微分方程及边界条件

求解饱和-非饱和渗流问题，需要建立其控制方程（假设土骨架不变形、水为不可压缩流体）和边界条件[183]：

$$\frac{\partial}{\partial x}\left(k_x\frac{\partial h}{\partial x}\right) + \frac{\partial}{\partial y}\left(k_y\frac{\partial h}{\partial y}\right) = \rho_w g m_2^w \frac{\partial h}{\partial t}$$

$$h(x,\ y,\ t) = h_1(x,\ y,\ t),\ (x,\ y) \in s_1$$

$$k_x\frac{\partial h}{\partial x}\cos(\bar{n},\ x) + k_y\frac{\partial h}{\partial y}\cos(\bar{n},\ y) = q(x,\ y,\ t),\ (x,\ y) \in s_2$$

$$h(x,\ y,\ t) = z(x,\ y,\ t),\ (x,\ y) \in s_3$$

$$h(x,\ y,\ t_0) = h_0(x,\ y,\ t_0) \tag{7-1}$$

式中，h 为水头，$h = u/r_w + z$；u 为孔隙压力；r_w 为水的重度；z 为位置水头；x，y 为直角坐标轴渗透主方向；k_x，k_y 分别为沿主方向的渗透系数；s_1 为已知水头边界；h_1 为边界水头，称为第一类边界；s_2 为已知流量边界；q 为边界法向流量；$\cos(\bar{n},\ x)$，$\cos(\bar{n},\ y)$ 为边界面外法线方向的方向余弦，称为第二类边界条件；s_3 为渗出面边界；z 为渗出面节点坐标，可归为第一类边界条件；h_0 为初始时刻的水头值，称为初始条件。

7.2.2.2　渗流场与应力-应变场耦合分析模型

降雨入渗过程即为渗流场与应力-应变场变化互相作用耦合的过程，赤泥堆体稳定性数值模拟采用 GeoStudio 软件中 SEEP/W 模块与 SIGMA/W 模块进行流固耦合计算分析，以比奥固结理论为基础，用有限元建立同时以节点位移和孔隙水压力为未知数的方程组，求解方程组的同时即可求出渗流场和应力场。

A　土体平衡方程

在 1993 年著名学者 D. G. Fredlund 和 N. R. Morgenstern[184] 把非饱和土质二维本构模型的应力-应变形式表示为：

$$\begin{Bmatrix} \Delta(\sigma_x - u_a) \\ \Delta(\sigma_y - u_a) \\ \Delta(\sigma_z - u_a) \\ \Delta\tau_{xy} \end{Bmatrix} = \frac{E(1-\nu)}{(1+\nu)(1-2\nu)} \begin{bmatrix} 1 & 0 & 0 & 0 \\ 0 & 1 & 0 & 0 \\ 0 & 0 & 1 & 0 \\ 0 & 0 & 0 & \dfrac{1-2\nu}{2(1+\nu)} \end{bmatrix} \begin{Bmatrix} \Delta\left(\varepsilon_x - \dfrac{u_a - u_w}{H}\right) \\ \Delta\left(\varepsilon_y - \dfrac{u_a - u_w}{H}\right) \\ \Delta\left(\varepsilon_z - \dfrac{u_a - u_w}{H}\right) \\ \Delta\gamma_{xy} \end{Bmatrix}$$

$$\tag{7-2}$$

或者是增量应力-应变形式：

$$\{\Delta\sigma\} = [D]\{\Delta\varepsilon\} - [D]\{m_H\}(u_a - u_w) + \{\Delta u_a\} \tag{7-3}$$

式中，τ 为剪切应力；ε 为法向应变；σ 为法向应力；ν 为泊松比；γ 为工程剪应变；H 为与基质吸力（$u_a - u_w$）有关的结构的非饱和土模量；$\{m_H\}$ 为单位等参向量；E 为弹性模量；$[D]$ 为本构矩阵；$\{\Delta u_a\}$ 为增量孔隙气压力矢量。

$$\{m_H\}^T = \left\langle \frac{1}{H} \quad \frac{1}{H} \quad \frac{1}{H} \quad 0 \right\rangle \tag{7-4}$$

当任何时间空气压力为大气压力时，$u_a = 0$；

$$\{\Delta\sigma\} = [D]\{\Delta\varepsilon\} + [D]\{m_H\}\Delta u_w \tag{7-5}$$

根据虚功原理，对于一个平衡系统，总的内虚功等于外虚功。

$$[K]\{\Delta\sigma\} + [L_d]\{\Delta u_w\} = \sum F \tag{7-6}$$

式中，$[K] = [B]^T[D][B]$，$[L_d] = [B]^T[D]\{m_H\}\langle N\rangle$；$[B]$ 为梯度矩阵；$[D]$ 为本构关系矩阵；$[K]$ 为刚度矩阵；$[L_d]$ 为耦合矩阵；$\{\Delta u_w\}$ 为增量孔隙水压力矢量。

B 渗流方程

对于单元体积土体，用达西定律来表示渗流方程如下：

$$\frac{k_x}{\gamma_w}\frac{\partial^2 u_w}{\partial x^2} + \frac{k_y}{\gamma_w}\frac{\partial^2 u_w}{\partial y^2} + \frac{\partial \theta_w}{\partial t} = 0 \tag{7-7}$$

式中，k_x，k_y 分别表示 x 和 y 方向的渗透系数；u_w 为渗流速度；γ_w 为单位水的重度；θ_w 为体积含水量；t 为时间。

对于使用虚功原理的有限元方程，渗流方程可以表示为孔隙水压力和体积应变的形式。如果虚的孔隙水压力 u_w^* 被用于渗流方程，并在整体体积上积分，虚功方程可由下式得到：

$$\int u_w^* \left[\frac{k_x}{\gamma_w}\frac{\partial^2 u_w^*}{\partial x^2} + \frac{k_y}{\gamma_w}\frac{\partial^2 u_w^*}{\partial y^2} + \frac{\partial \theta_w}{\partial t} \right] dV = 0 \tag{7-8}$$

对方程进行部分积分，代入 θ_w 进行有限元分析，可以得到方程：

$$-\int \frac{1}{\gamma_w}[B]^T[K_W]\{u_w\}dV - \int \langle N\rangle^T \langle N\rangle \left\{ \frac{\partial(\omega u_w)}{\partial t} \right\} + \int \langle N\rangle^T \{m_H\}^T[B] \left\{ \frac{\partial(\beta\delta)}{\partial t} \right\} dV$$

$$= \int \langle N\rangle^T V_n dV \tag{7-9}$$

其中：

$$[K_f] = \int [B]^T[K_W][B]dV$$

$$[M_N] = \langle N\rangle^T \langle N\rangle$$

$$[L_N] = \int \langle N\rangle^T \{m_H\}^T[B]dV$$

式中，$[B]$ 为梯度矩阵；$[K_W]$ 为渗透系数矩阵；$[K_f]$ 为单元刚度矩阵；$\langle N\rangle$ 为形函数行矢量；$[M_N]$ 为质量矩阵；$[L_N]$ 为渗流耦合矩阵；$\{m_H\}^T$ 为各向同性单元张量；V_n 为边界通量；δ 为节点位移。

从时间 t 到时间 $t+\Delta t$ 的方程积分如下：

$$-\int_t^{t+\Delta t}\frac{1}{\gamma_w}[K_f]\{u_w\}\,\mathrm{d}t - \int_t^{t+\Delta t}[M_N]\left\{\frac{\partial(\omega u_w)}{\partial t}\right\}\mathrm{d}t + \int_t^{t+\Delta t}[L_f]\left\{\frac{\partial(\beta\delta)}{\partial t}\right\}\mathrm{d}t$$

$$= \int_t^{t+\Delta t}\langle N\rangle^T V_n\mathrm{d}A\mathrm{d}t \tag{7-10}$$

对时间进行差分计算，体积含水量作为变量因子，假定 $\theta=1$，ω 和 β 在变量 Δt 时间是一个固定值，在方程的两边加上 $-\dfrac{\Delta t}{\gamma_w}[K_f]\{u_w\}\Big|_t$，可以得到一个包含增量孔隙水压力的渗流方程：

$$\beta[L_f]\{\Delta\delta\} - \left(\frac{\Delta t}{\gamma_w}[K_f] + \omega[M_N]\right)\{\Delta u_w\} = \Delta t\left(\{Q\}\Big|_{t+\Delta t} + \frac{1}{\gamma_w}[K_f]\{u_w\}\Big|_t\right) \tag{7-11}$$

式中，$\{Q\}$ 为边界节点的流量。

综上所述，SEEP/W 模块与 SIGMA/W 模块两者的耦合方程为：

$$[K]\{\Delta\delta\} + [L_d]\{\Delta u_w\} = \{\Delta F\} \tag{7-12}$$

$$\beta[L_f]\{\Delta\delta\} - \left(\frac{\Delta t}{\gamma_w}[K_f] + \omega[M_N]\right)\{\Delta u_w\} = \Delta t\left(\{Q\}\Big|_{t+\Delta t} + \frac{1}{\gamma_w}[K_f]\{u_w\}\Big|_t\right) \tag{7-13}$$

其中：

$$[K] = \sum[B]^T[D][B]$$

$$[L_d] = \sum[B]^T[D]\{m_H\}^T\langle N\rangle$$

$$\{m_H\}^T = \left\langle\frac{1}{H}\quad\frac{1}{H}\quad\frac{1}{H}\quad 0\right\rangle$$

$$[K_f] = \sum[B]^T[K_W][B]$$

$$[M_N] = \sum\langle N\rangle^T\langle N\rangle$$

$$[L_N] = \sum\langle N\rangle^T\{m_H\}^T[B]$$

式（7-13）即为描述边坡渗流场-应力应变场的耦合方程组。在有限元模型中，每个节点都建立了三个方程组，一个为水流连续性方程，另外两个为平衡方程。SEEP/W 模块的全局变量为孔隙水压力增量，SIGMA/W 模块的全局变量为应变增量。在耦合计算中，孔隙水压力的计算由 SEEP/W 模块完成，而后将每一时段不同的孔隙水压力变化作为一种节点荷载赋值到 SIGMA/W 模块中，在

SIGMA/W 模块中计算每一时段土体中应力-应变的变化。在渗流场与应力场的耦合计算过程中，应力-应变与孔隙水压力是同步求解的。

7.2.2.3 非饱和土的抗剪强度理论

现边坡稳定性的计算分析主要采用刚体极限平衡法，但诸如残积土、膨胀土等强度受降雨影响显著的土体直接采用常规的计算方法（如简化 Bishop 法）难以准确反映降雨作用的影响。目前，对饱和土边坡稳定性进行分析时，土体强度一般采用有效抗剪强度参数（c'，φ'），而对于浸润线以上，由于负孔隙水压力提供的强度则忽略不计，主要是从负孔隙水压力量测困难和偏安全角度考虑的[185]。这种土体强度取值方法对全部或绝大部分滑裂面处于地下水面以下时尚属合理，但对于地下水位较深或可能出现浅层滑坡的情况，就不能再忽略负孔隙水压力的影响。降雨导致土中基质吸力的丧失是降雨造成滑坡的一个不可忽略的重要因素。土体非饱和特性对边坡稳定性的影响主要体现在基质吸力对土体抗剪强度的影响，其本质问题是非饱和土中应力状态的描述。

如 Bishop(1959) 早期所建议那样，非饱和土中的有效应力可通过联合使用两个独立的状态变量（净法向应力（$\sigma-u_a$）和基质吸力（u_a-u_w））和一个材料变量（有效应力参数χ）来定义。Bishop 有效应力公式可表示为：

$$\sigma' = (\sigma - u_a) + \chi(u_a - u_w) \tag{7-14}$$

有效应力参数χ与土体的饱和度成一定的函数关系，反映了基质吸力对有效应力的贡献程度。对于饱和土，其孔隙气压为 0，孔隙水压为压应力或为正值，此时的χ等于 1，式（7-14）就简化为太沙基经典有效应力公式$\sigma'=\sigma-u_w$。对于完全干燥的土，相应的χ等于 0，此时的有效应力为总应力与孔隙气压的差值$\sigma'=\sigma-u_a$。对于部分饱和的土，χ与饱和度或基质吸力成一定的函数关系。由于不能直接通过试验测定或者控制有效应力参数χ，众多学者对求解χ做出了尝试，并取得较多成果。

Escario 和 Juca(1989) 利用由黏土、粉土和砂土静态压实而成的混合试样进行了一系列的抗剪强度试验，Vanapalli 和 Fredlund(2000) 用这些试验结果对有效应力参数χ和饱和度的函数关系的有效性进行了验证。在基质吸力为 0 ~ 1500kPa 范围内，以下两个函数关系公式与试验结果很吻合。第一个函数关系公式为：

$$\chi = S^\kappa = \left(\frac{\theta}{\theta_s}\right)^\kappa \tag{7-15}$$

式中，S 为饱和度；θ 为体积含水量；θ_s 为饱和体积含水量；κ 为优化拟合函数，用于对预测值与测量值进行优化拟合。

另一种函数关系公式为：

$$\chi = \frac{S - S_r}{1 - S_r} = \frac{\theta - \theta_r}{\theta_s - \theta_r} \qquad (7-16)$$

式中，θ_r 为残余体积含水量；S_r 为残余饱和度。

7.2.2.4　边坡稳定性的计算限值

在《尾矿堆积坝岩土工程技术规范》GB 50547—2010 中对尾矿库的等级进行了表 7-1 的分类，对于规模较大、下游有重要城镇和工矿企业、交通运输设施等的尾矿坝，一旦泄漏将造成严重的灾害，因此需要将这类库坝确定的防洪标准提高一个或两个等级，以保证防洪的安全度。表 7-2 列出了对不同等级的尾矿坝边坡稳定安全系数的最小要求。表 7-1 和表 7-2 中各种限值对于干法、湿法赤泥堆体的稳定性计算同样适用。

表 7-1　尾矿库级别分类

尾矿库级别	全容量/万立方米	坝高/m
一	仅二等库提高级别用	
二	库容≥10000	坝高≥100
三	1000≤库容<10000	60≤坝高<100
四	100≤库容<1000	30≤坝高<60
五	库容<100	坝高<30

表 7-2　关于坝坡抗滑稳定安全系数 K 的规定

计算条件	一级坝		二级坝		三级坝		四级坝	
计算方法	简化毕肖普法	瑞典圆弧法	简化毕肖普法	瑞典圆弧法	简化毕肖普法	瑞典圆弧法	简化毕肖普法	瑞典圆弧法
正常运行	1.50	1.30	1.35	1.25	1.30	1.20	1.25	1.15
洪水运行	1.30	1.20	1.25	1.15	1.20	1.10	1.15	1.05
特殊运行	1.20	1.10	1.15	1.05	1.15	1.05	1.10	1.00

7.2.3　计算参数的选取

通过对诱发赤泥堆体溃坝主要因素的分析发现，降雨作用是导致赤泥溃坝、岩溶渗漏的主要诱发因素。通过收集中国铝业贵州分公司在贵阳市白云区赤泥堆场尾矿库所在地的国家气象站[186,187]多年的降雨资料、勘察报告和有关文献，得到该地区多年降雨特征。图 7-3 是 1961~2010 年贵阳平均年降雨量距平百分率及其变化趋势。分析结果显示，从整个地区平均来看，50 年来年降水量呈下降趋势。1961~2010 年期间，降水量最多的年份是 1977 年，年降水量 1491.6mm，比常年偏多 31%，降水量最少的年份是 1981 年，年降水量 804.3mm，比常年偏少 29.3%。

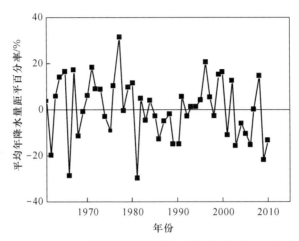

图 7-3 1961~2010 年贵阳平均年降水量距平百分率及其变化趋势

根据贵阳市白云区气象站最新统计资料，1999~2009 年，该区最大年平均降雨量为 1258.6mm，最大连续降雨量为 479.70mm，单日最大降雨量为 133.20mm，50 年一遇最大降雨量为 155.80mm。通常情况下，用降雨强度和降雨持时来共同描述一次降雨的基本情况，为了分析降雨强度和降雨持时对赤泥堆体稳定性的影响程度，在对赤泥堆体进行渗流分析时，选取的降雨工况分为三种，分别是 5 天连续最大降雨（取连续 5 天最大单日降雨量 133.20mm）、连续 10 天降雨达到 479.70mm（连续降雨 10 天达到最大连续降雨量 479.70mm），为了与上述两种降雨工况形成降雨强度和降雨持时对比，第三种降雨工况为 5 天连续降雨（连续降雨 5 天且每日降雨量为 47.97mm），见表 7-3。通过对比三种降雨工况下赤泥堆体的稳定性安全系数，研究了降雨强度和降雨持时对赤泥堆体稳定性的影响。以上三种降雨工况在充分考虑了赤泥堆场实际降雨情况下，且有一定程度的放大，可视为中国铝业贵州分公司赤泥堆场最不利降雨情况的工况设计[182]。

表 7-3 模型计算选取的三种降雨工况

降雨工况	降雨强度/mm·d^{-1}	降雨持时/d	降雨类型
I	133.20	5	等强型
II	47.97	10	等强型
III	47.97	5	等强型

计算上部堆体的饱和-非饱和渗流场时，主要需要的是拜耳法赤泥和混合赤泥的水力学参数，包括土-水特征函数和导水系数函数。这两个函数中直接包含了饱和含水率、残余含水率和饱和渗透系数等渗流计算必要参数。将第 5 章中试验得到的拜耳法赤泥和混合赤泥的 SWCC 曲线和 HCF 曲线按照预定格式导入 SEEP/W 模块即可，如图 7-4 和图 7-5 所示。对于降雨工况的设定，按照选定的降雨强度和降雨天数，以边界流量与时间的函数关系导入到 SEEP/W 中，如图 7-6 所示。

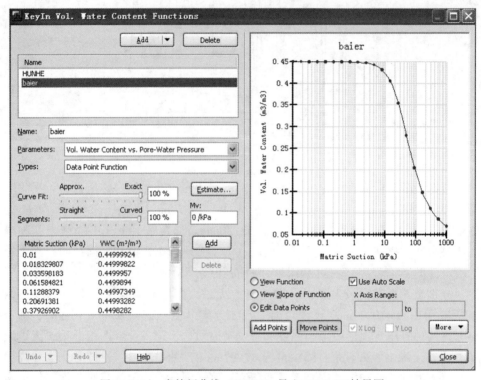

图 7-4　土-水特征曲线（SWCC）导入 SEEP/W 结果图

在利用 SIGMA/W 模块进行应力和变形计算时，分别对拜耳法赤泥和混合赤泥采用不同的本构模型进行计算。堆体底部的拜耳法赤泥，长期处于饱和无结构状态，直接采用线弹性 E-ν 模型。而对于上部具有较强结构性的混合赤泥，其本构模型选择邓肯-张模型，直接利用第 6 章中推导出的结构性邓肯-张修正模型，针对混合赤泥不同堆存龄期，输入相应的结构性模型参数 K_c、n_c、R_{cf}、c_c、φ_c 的试验值，选取的试验参数见表 7-4。其中干法混合赤泥分 4 层进行堆存，且由于堆存时间的不同，混合赤泥固结硬化的程度也有所差距，其本构模型参数的取值也有较大的差异，图 7-2 中从上到下 4 层混合赤泥赋予的本构模型参数值分别为表 7-4 中 1~4 层的参数值。

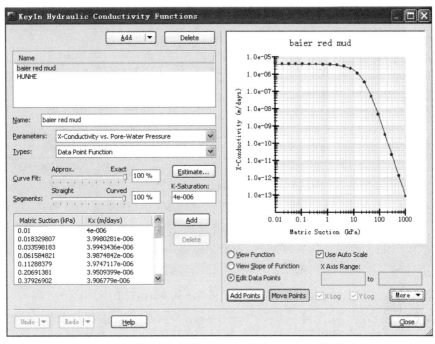

图 7-5　渗透系数曲线（HCF）导入 SEEP/W 结果图

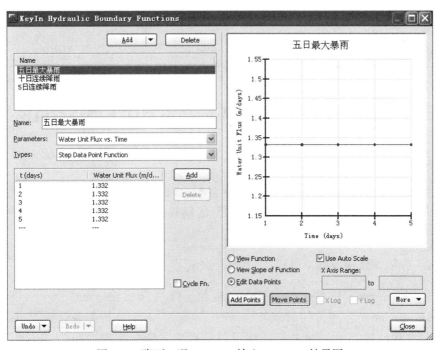

图 7-6　降雨工况（HBF）输入 SEEP/W 结果图

表 7-4 SIGMA/W 模块相关参数的选取

试样类型	层数	弹性模量 E/MPa	泊松比 ν	K_c	n_c	R_{cf}	c_c /kPa	φ_c /(°)	重度 /kN · m^{-3}
混合赤泥	1	6.62	0.334	6.46	0.11	0.844	27.90	38.64	17.4
	2	6.92	0.334	1.53	0.57	0.844	34.72	29.84	17.4
	3	14.86	0.334	2.10	0.47	0.844	180.31	17.03	17.4
	4	15.78	0.334	3.21	0.42	0.844	222.14	16.32	17.4
拜耳法赤泥	1	32.16	0.385	—	—	—	—	—	17.5

在利用 SLOPE/W 模块对不同堆存高度、不同降雨工况下赤泥堆体的安全系数进行计算时，利用摩尔-库仑准则对混合赤泥和拜耳法赤泥的抗剪强度指标黏聚力 c 和内摩擦角 φ 进行赋值。由前述的研究可知，堆体底部拜耳法赤泥和上部经过碾压的混合赤泥的压实度均达到 90% 以上，在利用 SLOPE/W 计算赤泥堆体的稳定性时，取两种赤泥的压实度均为 90%，具体参数取值见表 7-5。

表 7-5 SLOPE/W 模块相关参数的选取

试样类型	层数	黏聚力 c/kPa	内摩擦角 φ/(°)	重度/kN · m^{-3}	压实度/%
混合赤泥	1	130.51	36	17.4	90
	2	296.93	36	17.4	90
	3	322.76	39	17.4	90
	4	326.13	39	17.4	90
拜耳法赤泥	1	63.55	29	17.5	90

7.3 赤泥堆体不同高度、不同降雨条件下耦合数值模拟

7.3.1 赤泥堆体的分析模型

由图 7-2 中赤泥堆体堆存稳定性模型断面简图，利用 GeoStudio 有限元软件建立了赤泥堆体的分析模型，有限元剖分的网格如图 7-7 所示，共计剖分 2014 个单元，2014 个节点。

7.3.2 赤泥堆体渗流数值模拟

运用 GeoStudio 软件中的 SEEP/W 模块，分别对三种降雨工况下，高程为 1380m、1390m 赤泥堆体的渗流特性进行了模拟。对于分析类型选择瞬态分析，可以较好地反映降雨过程对堆体渗流场的影响。模拟结果如图 7-8~图 7-10 所示。

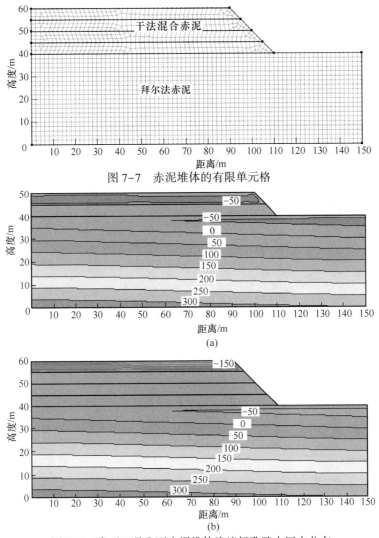

图 7-7 赤泥堆体的有限单元格

(a)

(b)

图 7-8 降雨工况 I 下赤泥堆体渗流场孔隙水压力分布
(a) 高程 1380m；(b) 高程 1390m

对比分析三种降雨工况下赤泥堆体在不同堆存高度时渗流场的孔隙水压力分布规律可以发现：赤泥堆体的渗流场孔隙水压力分布差异很小，没有明显差别。分析认为，其主要原因是三种降雨工况下的降雨强度均大于混合赤泥的入渗能力，降雨强度超过最大入渗速度后，继续加大降雨强度将不再起作用。在强降雨条件下堆体表面迅速饱和，但堆体表层的初始负孔隙水压力较大，雨水一时难以下渗到深部，这一部位的水头坡降尤为剧烈。堆体底部拜耳法赤泥库内的地下水位线没有发生较大变动，说明雨水几乎没有渗入赤泥底部，大部分雨水直接形成地表径流排出。

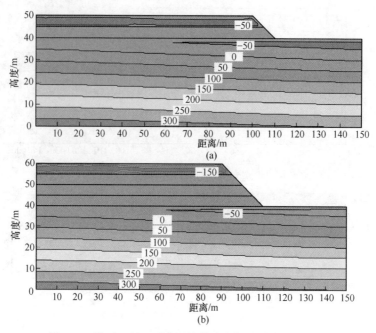

图7-9 降雨工况Ⅱ下赤泥堆体渗流场孔隙水压力分布
（a）高程1380m；（b）高程1390m

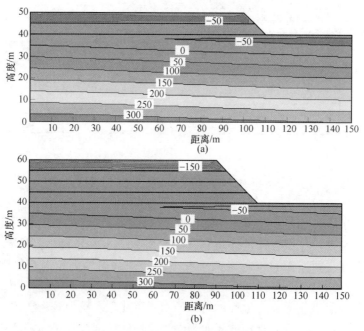

图7-10 降雨工况Ⅲ下赤泥堆体渗流场孔隙水压力分布
（a）高程1380m；（b）高程1390m

7.3.3 赤泥堆体应力应变场数值模拟

赤泥堆场的渗流场和应力应变场是相互影响的，存在耦合作用。GeoStudio 软件可以通过将模块 SEEP/W 中得到的孔隙水压力导入到模块 SIGMA/W 中，实现渗流和应力应变的耦合功能分析。堆体模型左侧边界限制水平方向变形，右侧和底边界限制水平、竖直方向的变形。通过模块 SIGMA/W 得到的三种降雨工况、不同堆存高度赤泥堆体的应力应变场如图 7-11~图 7-13 所示。

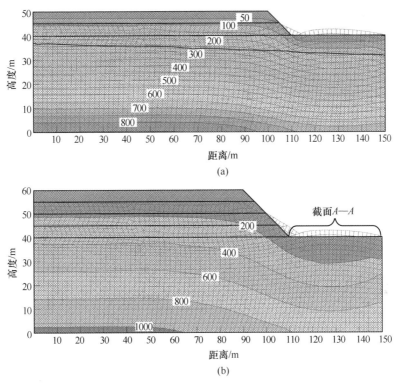

图 7-11　降雨工况 I 下赤泥堆体 Y 方向总应力分布

（a）高程 1380m；（b）高程 1390m

从图 7-11~图 7-13 可以看出，由于三种降雨工况下赤泥堆体渗流场比较接近，其耦合后的应力应变场也没有明显的差距。从赤泥堆体网格线的变化趋势可以看出，在降雨过程中上部新续堆的混合赤泥发生了较大的位移沉降。对于底部拜耳法赤泥库来说，上部混合赤泥堆体的沉降给下部拜耳法赤泥堆体以较大的侧推力，导致这部分赤泥向上起拱，发生较大的向上位移。图 7-14 为降雨工况 I 下高程分别为 1380m、1390m 时截面 A—A′（坐标为（110，50）~（150，50））的 XY 方向的位移图。

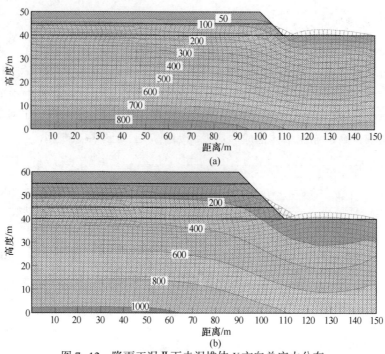

图 7-12 降雨工况 Ⅱ 下赤泥堆体 Y 方向总应力分布
（a）高程 1380m；（b）高程 1390m

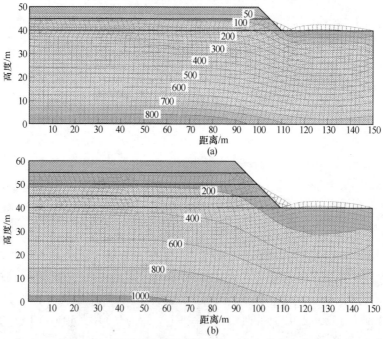

图 7-13 降雨工况 Ⅲ 下赤泥堆体 Y 方向总应力分布
（a）高程 1380m；（b）高程 1390m

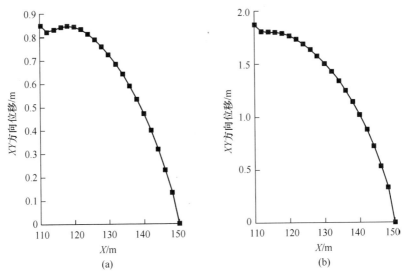

图 7-14 降雨工况 Ⅰ 条件下赤泥堆体 A—A′截面 XY 方向的位移图

（a）高程 1380m；（b）高程 1390m

从图 7-14 可以看出，在降雨条件下混合赤泥堆体的坡脚处发生较大位移，在高程为 1380m 时位移量达 0.85m。随着堆存高度的增加，到高程为 1390m 时，在相同降雨条件下，坡脚处的位移量增大到 1.8m。

7.3.4 赤泥堆体潜在滑移面的数值模拟

在分析了三种降雨工况下不同堆存高度赤泥堆体的渗流场和应力应变场的基础上，利用 GeoStudio 软件中的 SLOPE/W 模块对渗流场和应力应变场耦合结果进行了分析，得到了赤泥堆体在三种降雨工况下，高程分别为 1380m、1390m 时的潜在滑移面和边坡安全系数。SLOPE/W 模块分析结果如图 7-15~图 7-17 所示。

从图 7-15~图 7-17 可以看出，在赤泥堆体高程为 1380m 时，三种降雨工况

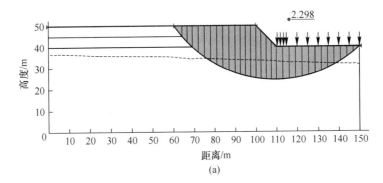

（a）

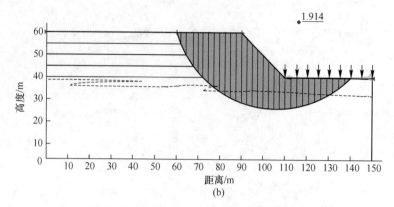

(b)

图 7-15 降雨工况 I 下的安全稳定性系数

（a）高程 1380m；（b）高程 1390m

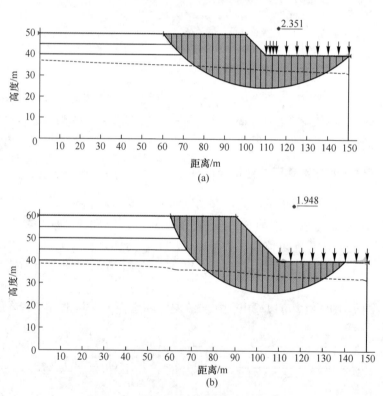

图 7-16 降雨工况 II 下的安全稳定性系数

（a）高程 1380m；（b）高程 1390m

下赤泥堆体的安全系数分别为 2.298、2.351、2.297，数值相接近，且均大于 1；在高程为 1390m 时，三种降雨工况下赤泥堆体的安全系数分别为 1.914、1.948、1.950，数值差距不大，且均大于 1。由表 7-1 和表 7-2 可知，二等库坝坡抗滑

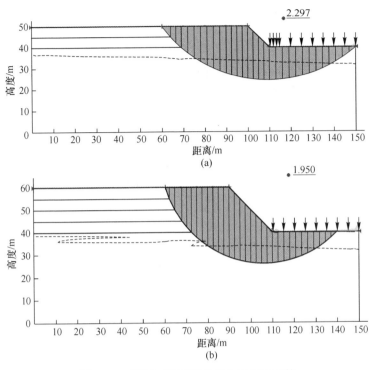

图 7-17 降雨工况Ⅲ下的安全稳定性系数

（a）高程 1380m；（b）高程 1390m

稳定最小安全系数正常运行时不得小于 1.25，洪水运行不得小于 1.15。在充分考虑了贵阳市的实际降雨情况，且有一定放大的三种降雨工况下，在高程分别为 1380m、1390m 时赤泥堆体的安全系数均大于 1.15，可知中国铝业贵州分公司赤泥堆场在续堆高程达到 1390m 时，堆体的稳定性满足安全稳定要求，且有较大的安全存储，可考虑继续向上堆存干法混合赤泥的可能性。

7.4 本章小结

通过 GeoStudio 软件中的 SEEP/W、SIGMA/W 和 SLOPE/W 三个模块的耦合分析，得到了中国铝业贵州分公司赤泥堆场在利用原有湿法堆存拜耳法赤泥库继续向上堆存干法混合赤泥时，堆体在放大了的贵阳实际降雨条件下、不同堆存高度的安全系数，为该赤泥堆场继续安全向上堆存提供了依据。

（1）赤泥堆体三种降雨工况下的渗流场孔隙水压力分布差异很小，没有明显差别，且其耦合后的应力应变场也没有明显的差距。降雨过程中上部新续堆的混合赤泥发生了较大的位移沉降，且给下部拜耳法赤泥库以较大的侧推力，导致这部分赤泥向上起拱，发生了较大的向上位移。

（2）在充分考虑了贵阳市的实际降雨情况，且有一定放大的三种降雨工况下，在高程分别为 1380m、1390m 时赤泥堆体的安全系数均大于 1.15，可知中国铝业贵州分公司赤泥堆场在续堆高程达到 1390m 时，堆体的稳定性满足要求，且有较大的安全存储，可考虑继续向上堆存稳定性较好的干法混合赤泥的可能性。

参 考 文 献

［1］ 杨重愚. 氧化铝生产工艺学［M］. 修订版. 北京：冶金工业出版社，1993.

［2］ 陈家镛. 湿法冶金手册［M］. 北京：冶金工业出版社，2005.

［3］ 聂永丰. 三废处理工程技术手册（固体废物卷）［M］. 北京：化学工业出版社，2002.

［4］ Liu W C, Yang J K, Xiao B. Review on treatment and utilization of bauxite residues in China ［J］. International Journal of Mineral Processing, 2009, 93(3): 220-231.

［5］ Cooper M B. Naturally Occurring Radioactive Materials(NORM) in Australian Industries—Review of Current Inventories and Future Generation［R］. ERS-006: A Report Prepared for the Radiation Health and Safety Advisory Council, 2005.

［6］ Pan Z H, Cheng L, Lu Y N. Hydration products of alkali-activated slag-red mud cementitious material［J］. Cement and Concrete Research, 2002, 32(3): 357-362.

［7］ 潘志华，方永浩，潘拯生，等. 固态碱-矿渣-赤泥胶凝材料的研究［J］. 南京化工大学学报，1998，20(2): 34-37.

［8］ 潘志华，赵成朋，方永浩，等. 碱-矿渣-赤泥水泥的研究［J］. 硅酸盐通报，1999(3): 34-40.

［9］ 岳云龙，芦令超，常均，等. 赤泥-碱矿渣水泥及其制品的研究［J］. 硅酸盐通报，2001(1): 46-49.

［10］ Cengeloglu Y, Kir E, Ersoz M, et al. Recovery and concentration of metals from red mud by Donnan dialysis［J］. Colloids and Surfaces A: Physicochemical and Engineering Aspects, 2003, 223(1): 95-101.

［11］ Paramguru R K, Rath P C, Misra V N. Trends in red mud utilization-a review ［J］. Mineral Processing & Extractive Metallurgy Review, 2005, 26(1): 1-29.

［12］ Sglavo V M, Maurina S, Conci A, et al. Bauxite "red mud" in the ceramic industry. Part 2: production of clay-based ceramics［J］. Journal of the European Ceramic Society, 2000, 20 (3): 245-252.

［13］ 王庆伟，顾松青，韩中岭，等. 赤泥浆体的不可逆触变性及其对干法排放过程的影响 ［J］. 有色金属，1998，50(2): 85-91.

［14］ 孙运德. "混合赤泥半干法堆存技术"的研究与应用［J］. 有色冶金节能，2009，3 (20): 20-25.

［15］ 贾海龙. 混合半干法堆存拜耳法赤泥技术研究［D］. 西安：西安建筑科技大学，2010.

［16］ 田跃，王福兴，马尚成. 赤泥堆存的力学性质［J］. 轻金属，1998(2): 32-34.

［17］ 郑水林，袁继祖. 非金属矿加工技术与应用手册［M］. 北京：冶金工业出版社，2005.

［18］ Power G, Gräfe M, Klauber C. Bauxite residue issues: I. Current management, disposal and storage practices［J］. Hydrometallurgy, 2011, 108(1): 33-45.

［19］ 南相莉，张廷安，刘燕. 我国主要赤泥种类及其对环境的影响［J］. 过程工程学报，2009，9(1): 459-464.

［20］ Kumar S, Kumar R, Bandopadhyay A. Innovative methodologies for the utilisation of wastes from metallurgical and allied industries［J］. Resources, Conservation and Recycling, 2006,

48(4)：301-314.

[21] Turkmen S. Treatment of the seepage problems at the Kalecik Dam(Turkey) [J]. Engineering Geology, 2003, 68(3)：159-169.

[22] Turkmen S, Ozguler E, Taga H, et al. Seepage problems in the karstic limestone foundation of the Kalecik Dam(south Turkey)[J]. Engineering Geology, 2002, 63 (3)：247-257.

[23] Agrawal A, Sahu K K, Pandey B D. Solid waste management in non-ferrous industries in India [J]. Resources, Conservation and Recycling, 2004, 42(2)：99-120.

[24] 姜怡娇, 宁平. 氧化铝厂赤泥的综合利用现状 [J]. 环境科学与技术, 2003(1)：40-41.

[25] Kumar V, Nautiyal B D, Jha A K. Use of neutralized red mud in concrete [J]. Indian Concrete Journal, 1989, 63(10)：505-507.

[26] Liu Y, Lin C X, Wu Y G. Characterization of red mud derived from a combined Bayer Process and bauxite calcination method[J]. Journal of Hazardous Materials, 2007, 146(1-2)：255-261.

[27] 景英仁, 景英勤, 杨奇. 赤泥的基本性质及其工程特性 [J]. 轻金属, 2001(4)：20-23.

[28] 卡梅什尼克 C C, 萨拉托夫 ИЕ, 房俭生. 论尾矿冲积体密度随时间的变化 [J]. 国外金属矿山, 1989(1)：80-82.

[29] 郭振世, 仵彦卿, 詹美礼, 等. 高堆尾矿坝堆积特性及三维渗流数值分析研究 [J]. 水土保持通报, 2009, 29(3)：188-192.

[30] 齐建召. 赤泥道路材料的试验研究 [D]. 武汉：华中科技大学, 2005.

[31] 陈凡. 不同年份赤泥路面基层材料 [D]. 武汉：华中科技大学, 2007.

[32] 姜跃华, 刘勇, 林初夏, 等. 郑州氧化铝厂赤泥化学和矿物学特征及资源化利用探讨 [J]. 轻金属, 2007(10)：18-21.

[33] 谢定义, 陈存礼, 胡再强. 赤泥的变形-强度特性与结构性关系的研究 [J]. 岩土力学, 2004, 25(12)：1862-1866.

[34] 刘东燕, 冯燕博, 冯振洋, 等. 烧结法赤泥的强度演化规律 [J]. 环境工程学报, 2014, 8(4)：132-136.

[35] 郑玉元. 赤泥的沉积作用及其力学性质演变 [J]. 贵州科学, 1999, 3(1)：19-25.

[36] 赵开珍, 郑玉元. 赤泥的固结排水抗剪强度 [J]. 贵州地质, 1996, 3(13)：280-286.

[37] 王克勤, 李爱秀, 邓海霞, 等. 山西氧化铝赤泥的物化特性 [J]. 轻金属, 2012(4)：25-28.

[38] 张永双, 曲永新, 关文章, 等. 炼铝工业固体废料（赤泥）的物质组成与工程特性及其防治利用研究 [J]. 工程地质学报, 2000, 8(3)：296-305.

[39] 于永波, 王克勤, 王皓, 等. 山西铝厂赤泥性质的研究 [J]. 太原理工大学学报, 2009, 40(1)：63-65.

[40] 王常珍. 冶金物理化学研究方法 [M]. 北京：冶金工业出版社, 2002.

[41] 叶大伦, 胡建华. 实用无机物热力学手册 [M]. 2版. 北京：冶金工业出版社, 2002.

[42] 陈友善, 冯富春. 赤泥堆场赤泥的物理化学结构与性能研究 [J]. 勘察科学技术, 1992

（4）：32-35.

[43] 孙恒虎，冯向鹏，刘晓明，等．机械力化学效应对赤泥结构特性和胶凝性能的影响 [J]．稀有金属材料与工程，2007，8（36）：568-570.

[44] 郭晖，管学茂，马小娥．烧结法赤泥物理化学特性的研究 [J]．山西冶金，2010（6）：1-3.

[45] 刘昌俊，李文成，周晓燕，等．烧结法赤泥基本特性的研究 [J]．环境工程学报，2009，3（4）：739-742.

[46] 田跃．赤泥堆场干法改造 [J]．环境工程，2008，26（4）：40-42.

[47] 王平升．烧结法赤泥的矿物学特征与快速固化机理 [J]．有色金属，2005，57（3）：115-119.

[48] 刘作霖．烧结法赤泥的活性与应用 [J]．轻金属，1988（7）：8-12.

[49] 顾汉念，王宁，刘世荣，等．烧结法赤泥的物相组成与颗粒特征研究 [J]．岩矿测试，2012，31（2）：312-317.

[50] 尹国勋，李惠，邢明飞．中州铝厂烧结法赤泥"霜"物质研究 [J]．中国资源综合利用，2011，29（6）：21-23.

[51] 郭晖，邹波蓉，管学茂，等．拜耳法赤泥的特性及综合利用现状 [J]．砖瓦，2011（3）：50-53.

[52] 马光锁．山西分公司拜耳法赤泥工程特性及堆存方式的探讨 [J]．轻金属，2005（7）：16-20.

[53] 张忠敏，唐生贵，刘发祥．拜耳法赤泥砂桩模拟固结排水的固结排水性质试验研究 [J]．工程勘察，2010（1）：104-111.

[54] 饶平平．拜耳法干式赤泥基本特性及堆场运行特征分析 [J]．工程地质学报，2010，18（3）：340-344.

[55] 刘忠发，李明阳．干法赤泥堆积体的运行分析 [J]．有色金属设计，2006，33（2）：83-87.

[56] 王跃，伍锡举，安源远．二维平面有限单元法在坝体渗流稳定评价中的应用——以赤泥堆场4#坝北坝段渗流稳定分析评价为例 [J]．矿产勘查，2010，11（6）：516-518.

[57] 欧孝夺，樊克世，饶平平．基于 Geo-Slope 的拜耳法干式赤泥堆场稳定性分析 [J]．金属矿山，2009（7）：115-118.

[58] 饶平平．干式赤泥堆场裂缝特征及成因探讨 [J]．工业建筑，2010，40（9）：73-76.

[59] 李明阳．拜耳法氧化铝厂干法赤泥堆场的边坡稳定分析 [J]．贵州工业大学学报，2006，35（4）：38-41.

[60] Feng Y B, Liu D Y, Li D S, et al. A study on microstructure composition of unsaturated red mud and its impact on hydraulic characteristics[J]. Geotechnical and Geological Engineering, 2017(35): 1357-1367.

[61] Pan Z H, Lin C, Lu Y N, et al. Hydration products of alkali-activated slag-red mud cementitious material[J]. Cement and Concrete Research, 2002, 32: 357-362.

[62] 章庆和．赤泥综合利用的现状及在塑料生产中的应用 [J]．矿产综合利用，1994（1）：37-40.

[63] 韩玉芳，杨久俊，王晓，等. 烧结法和拜耳法赤泥的基本特性对比及利用价值研究 [J]. 材料导报，2011，25(11)：122-125.

[64] Liu M, Zhang N, Sun H H, et al. Structural investigation relating to the cementitious activity of bauxite residue—Red mud[J]. Cement and Concrete Research, 2011(41)：847-853.

[65] 冯向鹏，刘晓明，孙恒虎，等. 赤泥大掺量用于胶凝材料的研究 [J]. 矿产综合利用，2007(4)：35-37.

[66] 张乐，赵苏，梁颖. 赤泥-粉煤灰-水泥胶砂力学性能研究 [J]. 低温建筑技术，2009(1)：14-16.

[67] Li Y Z, Liu C J, Luan Z K, et al. Phosphate removal from aqueous solutions using raw and activated red mud and fly ash[J]. Journal of Hazardous Materials, 2006, 137(1)：374-383.

[68] Wang S B, Boyjoo Y, Choueib A, et al. 2005. Removal of dyes from aqueous solution using fly ash and red mud[J]. Water Research, 2005, 39：129-138.

[69] Bekir Z, Inci A, Hayrettin Y. Sorption of SO_2 on Metal Oxides in a Fluidized Bed[J]. Ind. Eng. Chem. Res., 1988(27)：434-439.

[70] Erdem M, Altundogan H S, Tümen F. Removal of hexavalent chromium by using heat-activated bauxite[J]. Miner. Eng., 2004(17)：1045-1052.

[71] 三井石化. 日本公开特许公报 [P]. 昭和 5001, 1975.

[72] Jobbágy V, Somlai J, Kovács J, et al. Dependence of radon emanation of red mud bauxite processing wastes on heat treatment [J]. Journal of Hazardous Materials, 2009 (172)：1258-1263.

[73] Cengeloglu Y, Tor A, Ersoz M, et al. Removal of nitrate from aqueous solution by using red mud[J]. Separation and Purification Technology, 2006, 51(3)：374-378.

[74] Huang W, Wang S, Zhu Z, et al. Phosphate removal from wastewater using red mud[J]. Journal of Hazardous Materials, 2008, 158(1)：35-42.

[75] 张志峰，吴浩汀. 赤泥处理含磷废水的试验研究 [J]. 安全与环境工程，2005，12(4)：49-51.

[76] Ordoñez S, Sastre H, Díez F V. Deactivation of red mud and modified red mud used as catalyst for the hydrodechlorination of tetrachloroethylene [J]. Stud. Surf. Sci. Catal., 1999 (126)：443-446.

[77] Genc-Fuhrman H, Tjell J C, McConchie D. Increasing the arsenate adsorption capacity of neutralized red mud (Bauxsol) [J]. Journal of Colloid and Interface Science, 2004, 271(2)：313-320.

[78] Gupta V K, Ali I, Saini V K. Removal of chlorophenols from wastewater using red mud: an aluminum industry waste [J]. Environmental Science & Technology, 2004, 38 (14)：4012-4018.

[79] Gupta V K, Sharma S. Removal of cadmium and zinc from aqueous solutions using red mud [J]. Environmental Science & Technology, 2002, 36(16)：3612-3617.

[80] 楚金旺. 赤泥的工程特性与混堆技术探讨 [J]. 中国矿山工程，2011，2(1)：44-47.

[81] 乔英卉. 拜耳法赤泥与烧结法赤泥混合堆坝的技术研究 [J]. 轻金属，2004(10)：

18-20.

[82] 贵州有色地质工程勘察公司. 中铝贵州分公司赤泥库区可行性设计阶段工程地质勘察报告 [R]. 贵州: 贵州有色地质工程勘察公司, 2005.

[83] 河海大学. 赤泥坝坝体和基础的混合型材料模拟试验研究 [R]. 南京: 河海大学, 2006.

[84] 侯永顺. 赤泥性质判别及赤泥堆场防渗要求 [J]. 轻金属, 2005(2): 16-18.

[85] 陈宁, 蓝蓉. 浅析赤泥堆场防渗工艺设计 [J]. 有色金属设计, 2011, 38(1): 14-21.

[86] 王亮, 修磐石. 氧化铝生产中赤泥的堆存与环境保护 [J]. 辽宁化工, 2011, 40(10): 1056-1059.

[87] 戚焕岭. 氧化铝赤泥处置方式浅谈 [J]. 有色冶金设计与研究, 2007, 28(2-3): 121-125.

[88] 田红献. 赤泥堆场环境影响评价模式与管理 [D]. 武汉: 中南大学, 2005.

[89] 龚晓南, 熊传祥, 项可祥, 等. 黏土结构性对其力学性质的影响及形成原因分析 [J]. 水利学报, 2000(10): 43-47.

[90] 谢定义, 齐吉林. 土的结构性及其定量化参数研究的新途径 [J]. 岩土工程学报, 1999, 21(6): 651-656.

[91] 苗天德, 刘忠玉, 任九生. 湿陷性黄土的变形机理与本构关系 [J]. 岩土工程学报, 1999, 21(4): 651-656.

[92] 王常明, 肖树芳, 夏玉斌. 海积软土固结变形的结构性模型研究 [J]. 长春科技大学学报, 2001, 31(4): 363-367.

[93] 沈珠江, 章为民. 损伤力学在土力学中的应用 [C]. 第三届全国岩土力学数值分析与解析方法讨论会, 1988.

[94] 沈珠江. 结构性黏土的堆砌体模型 [J]. 岩土力学, 2000, 21(1): 1-4.

[95] 沈珠江. 结构性黏土的弹塑性损伤模型 [J]. 岩土工程学报, 1993, 15(3): 1-6.

[96] 沈珠江. 结构性黏土的非线性损伤力学模型 [J]. 水利水运科学研究, 1993(3): 247-255.

[97] 何开胜, 沈珠江. 结构性黏土的弹粘塑损伤模型 [J]. 水利水运工程学报, 2002(4): 7-13.

[98] Desai C S, Ma Y. Modelling of joints and interfaces using the disturbed state concept [J]. Int. J. Numer. Analyt. Meth. Geo-mech, 1992(16): 623-653.

[99] Armaleh S H, Desai C S. Modeling and testing of cohesion-lessmaterial using disturbed state concept [J]. Journal of the Mechanical Behavior of Materials, 1994(1): 279-295.

[100] Surajit P A L, Wathugalag W I J E. Disturbed statemodel for sand-geosynthetic interfaces and application to pull-out tests [J]. Internation Journal of Numerical and Analytical Methods in Geo-mechanics, 1999(23): 1873-1892.

[101] Katti D R, Desai C S. Modeling and testing of cohesive soilu-sing disturbed state concept [J]. J. Engng. Mech., 1995, 121(5): 648-658.

[102] Ma Y. Constitutive modeling of joints and interfaces by using disturbed state concept [D]. Tucson, Arizona: The University of Arizona, 1992.

[103] Fakharian K, Evgin E. Elasto-plasticmodeling of stress-path-dependent behavior of interfaces [J]. Int. J. Numer. Anal. Mech. Geomech, 2000(24): 183-199.

[104] Rouainia M, Wood D M. A kinematic hardening constitutive model fornatural clayswith loss of structure [J]. Geotechnique, 2000, 50(2): 153-164.

[105] Gu W H, Krahn J. A model for soil structure mobility and collapse[C]//15th ASCE Engineering Mechanics Conference. New York: Columbia University, 2002.

[106] Liu M D, Carter J P. Virgin compression of structured soils [J]. Geotechnique, 1999, 49(1): 43-57.

[107] Liu M D, Carter J P. Modelling the destructuring of soils dur-ing virgin compression[J]. Geotechnique, 2000, 50(4): 479-483.

[108] 饶为国, 赵成刚, 王哲, 等. 一个可考虑结构性影响的土体本构模型 [J]. 固体力学学报, 2002, 23(1): 34-39.

[109] 谢定义, 齐吉琳, 张振中. 考虑土结构性的本构关系 [J]. 土木工程学报, 2000, 33(4): 35-40.

[110] 王立忠, 赵志远, 李玲玲. 考虑土体结构性的修正邓肯-张模型 [J]. 水利学报, 2004(1): 83-89.

[111] 冯志焱. 非饱和黄土的结构性定量化参数与结构性本构关系研究 [D]. 西安: 西安理工大学, 2008.

[112] 陈昌禄, 邵生俊, 马林. 考虑黄土结构性的修正邓肯-张模型研究 [J]. 西北农林科技大学学报 (自然科学版), 2011, 39(11): 223-228.

[113] 骆亚生, 谢定义, 邵生俊, 等. 复杂应力状态下的土结构性参数 [J]. 岩石力学与工程学报, 2004, 23(24): 4248-4251.

[114] 骆亚生. 非饱和黄土在动静复杂应力条件下的结构变化特性及结构性本构关系研究 [D]. 西安: 西安理工大学, 2003.

[115] 骆亚生, 谢定义. 复杂应力条件下土的结构性本构关系 [J]. 四川大学学报 (工程科学版), 2005, 37(5): 14-18.

[116] 雷华阳. 结构性海积软土的弹塑性研究 [J]. 岩土力学, 2002, 23(6): 721-724.

[117] 姚攀峰, 张明, 张振刚, 等. 非饱和土土力学工程应用方法 [J]. 工程地质学报, 2005, 13(3): 346-352.

[118] 马德翠, 单红仙, 周其健. 黄河三角洲粉质土的动模量和阻尼比试验研究 [J]. 工程地质学报, 2005, 13(3): 353-360.

[119] 中国有色金属尾矿库概论编辑委员会. 中国有色金属尾矿库概论 [M]. 中国有色金属工业总公司, 1992.

[120] 陈蓓, 陈素英. 赤泥的综合利用和安全堆存 [J]. 化工技术与开发, 2006, 35 (12): 32-35.

[121] 吕胜利. 赤泥分离洗涤及堆存的生产工艺与设备 [J]. 轻金属, 1999(6): 21-23.

[122] 聂永丰. 三废处理工程技术手册 (废水卷) [M]. 北京: 化学工业出版社, 2002.

[123] 聂永丰. 三废处理工程技术手册 (废气卷) [M]. 北京: 化学工业出版社, 2002.

[124] 贵州有色地质工程勘察公司. 中铝贵州分公司赤泥堆场岩溶防渗-4#坝北坝段渗流评价

［R］．贵阳：贵州有色地质工程勘察公司，2005.

［125］贵州有色地质工程勘察公司．中铝贵州分公司赤泥堆场岩溶防渗岩土工程勘察报告（详勘）［R］．贵州：贵州有色地质工程勘察公司，2004.

［126］吴宏，刘银宝．土的分类中塑性指数与黏粒含量的关系［J］．中国市政工程，2008（1）：62-63.

［127］张彦娜，潘志华．不同温度下赤泥的物理化学特征分析［J］．济南大学学报（自然科学版），2005，19(4)：293-297.

［128］谢定义，姚仰平，党发宁．高等土力学［M］．北京：高等教育出版社，2008.

［129］陈仲颐，周景星，王洪瑾．土力学［M］．北京：清华大学出版社，2010.

［130］刘东燕，侯龙，王平．常见赤泥的物化特性及综合利用研究［J］．材料导报，2012，26(S2)：310-312.

［131］熊厚金，林天建，李宁．岩土工程化学［M］．北京：科学出版社，2001.

［132］Wang S, Ang H M, Tade M O. Novel applications of red mud as coagulant, adsorbent and catalyst for environmentally benign processes［J］. Chemosphere, 2008, 72(11)：1621-1635.

［133］王绪民，陈善雄，程昌炳．酸性溶液浸泡下原状黄土物理力学特性试验研究［J］．岩土工程学报，2013，35(9)：1619-1626.

［134］Fookes P G. The geology of carbonate soils and rocks and their engineering characterization and description［M］. Proc Int Conf on Calcareous Sediments, 1988：787-806.

［135］Semple R. State of the art report on engineering properties of carbonate soils［M］. Proc Int Conf on Calcareous Sediments, 1988：807-836.

［136］蒋明镜，孙渝刚．人工胶结砂土力学特性的离散元模拟［J］．岩土力学，2011，32(6)：1849-1856.

［137］Lu N, Likos W J. Unsaturated Soil Mechanics［M］. Wiley, NY, pp. , 2004：417-419.

［138］Lu N, Wayllace A, Carrera J, et al. Constant flow method for concurrently measuring soil-water characteristic curve and hydraulic conductivity function［J］. Journal of Geotechnical Testing, 2006, 29(3)：256-266.

［139］Lu N, Lechman J, Miller K T. Experimental verification of capillary force and water retention between uneven-sized spheres［J］. Journal of Engineering Mechanics, 2008, 134(5)：385-395.

［140］Nam S, Gutierrez M, Diplas P, et al. Comparison of testing techniques and models for establishing the SWCC of riverbank soils［J］. Engineering Geology, 2010, 110(1)：1-10.

［141］Lu N, Godt J. Infinite slope stability under steady unsaturated seepage conditions［J］. Water Resources Research, 2008, 44：W11404.

［142］Likos W J, Lu N. An automated humidity system for measuring total suction characteristics of clays［J］. Journal of Geotechnical Testing, ASTM, 2003, 28(2)：178-189.

［143］Van Genuchten M T. A closed-form equation for pre-dicting the hydraulic conductivity of unsaturated soils［J］. Soil Sci Soc of Am J, 1980, 44(5)：892-898.

［144］Mualem Y. Hysteretical Models for Prediction of the Hydraulic Conductivity of Unsaturated Porous Media［J］. Water Resour. Res. , 1976, 12(6)：1248-1254.

[145] Wayllace A, Lu N. A Transient Water Release and Imbibitions Method for Rapidly Measuring Wetting and Drying Soil Water Retention and Hydraulic Conductivity Functions[J]. Geotechnical Testing Journal, 2012, 35(1): 1-15.

[146] 侯龙. 非饱和土孔隙水作用机理及其在边坡稳定分析中的应用研究 [D]. 重庆: 重庆大学, 2012.

[147] 高国瑞. 黄土显微结构分析及其在工程勘察中的应用 [J]. 工程勘察, 1980(6): 25-28.

[148] Deleg P, Lefebvre G. Study of the structure of a sensitive Champlain clay and of its evolution during consolidation[J]. International Journal of Rock Mechanics and Mining Sciences & Geomechanics Abstracts, 1984, 21(6): 21-25.

[149] 胡瑞林, 李向全, 官国琳, 等. 粘性土微结构定量模型及其工程性质特征研究 [M]. 北京: 地质出版社, 1995.

[150] 谢定义, 齐吉琳, 朱元林. 土的结构性参数及其与变形强度的关系 [J]. 水利学报, 1999(10): 1-6.

[151] 陈存礼, 高鹏, 何军芳. 考虑结构性影响的原状黄土等效线性模型 [J]. 岩土工程学报, 2007, 29(9): 1330-1336.

[152] 沈珠江. 土体结构性的数学模型——21世纪土力学的核心问题 [J]. 岩土工程学报, 1996, 18(1): 95-97.

[153] 沈珠江. 结构性黏土的堆砌体模型 [J]. 岩土力学, 2000, 21(1): 1-4.

[154] 徐永福, 刘斯宏, 董平. 粒状土体的结构模型 [J]. 岩土力学, 2001, 22(4): 366-372.

[155] 饶为国, 赵成刚, 王哲, 等. 一个可考虑结构性影响的土体本构模型 [J]. 固体力学学报, 2002, 23(1): 34-39.

[156] 太沙基. 理论土力学 [M]. 徐志英, 译. 北京: 地质出版社, 1960.

[157] Mitchell J K. Shearing resistance of soils as a rate process[J]. Journal of Terramechanics, 1964, 1(4): 120.

[158] Seed H B. Structure and strength characteristics of compacted clays[J]. Soil Mech and Found Div, 1959, 85(5): 87-128.

[159] Olson R E. Mechanisms controlling the compressibility of clay[J]. Soil Mech and Found Div, 1970, 96(5): 1863-1878.

[160] 沈珠江. 结构性黏土的弹塑性损伤模型 [J]. 岩土工程学报, 1993, 15(3): 21-28.

[161] 李金柱, 朱向荣, 刘用海. 结构性软土弹塑性损伤模型及其应用 [J]. 浙江大学学报(工学版), 2010(4): 806-811.

[162] Kavvadas M, Amorosi A. A constitutive model of structured soils[J]. Geotechnique, 2000, 50(3): 263-273.

[163] 刘恩龙. 岩土破损力学: 结构块破损机制与二元介质模型 [J]. 岩土力学, 2010, 31(增1): 13-22.

[164] 杨爱武, 闫澍旺, 张彦, 等. 吹填软土经验流变模型研究 [J]. 水文地质工程地质, 2012, 39(5): 54-58.

[165] 邵生俊, 郑文, 王正泓, 等. 黄土的构度指标及其试验确定方法 [J]. 岩土力学, 2010, 31(1): 15-19.

[166] 邵生俊, 陶虎, 许萍. 黄土结构性力学特性研究与应用的探讨 [J]. 岩土力学, 2011, 32(增2): 42-50.

[167] 邵生俊, 周飞飞, 龙吉勇. 原状黄土结构性及其定量化参数研究 [J]. 岩土工程学报, 2004, 26(4): 531-536.

[168] 邵生俊, 龙吉勇, 于清高, 等. 湿陷性黄土的结构性参数本构模型 [J]. 水利学报, 2006, 37(11): 1315-1322.

[169] Duncan J M, Chang C Y. Nonlinear analysis of stress and strain in soils [J]. Journal of the Soil Mechanics and Foundations Division, 1970, 96(5): 1629-1653.

[170] 高江平, 李芳. 黄土邓肯-张模型有限元计算参数的试验 [J]. 长安大学学报 (自然科学版), 2006, 26(2): 10-21.

[171] 张云, 薛禹群, 吴吉春, 等. 上海第四纪土层邓肯-张模型的参数研究 [J]. 水文地质工程地质, 2008(1): 19-22.

[172] 史三元, 李群, 刘德乾. 邯郸市粉质黏土邓肯-张模型参数试验研究 [J]. 河北建筑科技学院学报, 2006, 23(2): 1-3.

[173] Kondner R L. Hyperbolic stressstrain response: Cohesive soils [J]. Journal of the Soil Mechanics and Foundation Division, 1963, 89(1): 115-144.

[174] 邵生俊, 周飞飞, 龙吉勇. 原状黄土结构性及其定量化参数研究 [J]. 岩土工程学报, 2004, 26(4): 531-536.

[175] 张茹, 何昌荣, 费文平, 等. 高土石坝筑坝料本构模型参数研究 [J]. 岩石力学与工程学报, 2004, 4(增1): 4428-4434.

[176] 赵红芬, 何昌荣, 王琛, 等. 高应力下砾质心墙料切线模量研究 [J]. 岩土力学, 2008, 11(增刊): 193-196.

[177] 司洪洋. 确定土石坝壳料邓肯模型参数的几个问题 [J]. 水力发电, 1983 (8): 31-35.

[178] 《土工试验方法标准》[S]. GB/T 50123—1999.

[179] 张波, 汪传武, 黄德强. 邓肯模型参数 k、n、R_f 整理方法研究 [J]. 西部探矿工程, 2012(7): 156-159.

[180] 丁磊, 张林洪, 代彦芹. 邓肯-张模型参数中 K 与 n 值的计算方法研究 [J]. 西北水电, 2010(1): 19-22.

[181] 河海大学. 赤泥堆场大规模干法整体扩容试验研究 [R]. 南京: 河海大学, 2009.

[182] 伍川生. 赤泥堆载固结特性研究及其在尾矿库超容量续堆工程中的应用 [D]. 重庆: 重庆大学, 2013.

[183] 吴梦喜, 高莲士. 饱和-非饱和土体非稳定渗流数值分析 [J]. 水利学报, 1999 (12): 38-42.

[184] Fredlund D G, Morgenstern N R. Constitutive relations for volume change in unsaturated soils [J]. Canadian Geotechnical Journal, 1976(13): 261-276.

[185] 王晓峰. 降雨入渗对非饱和土边坡稳定性影响的研究 [D]. 西安: 西安建筑科技大

学，2003.

[186] 杨毅，武伟，刘洪斌.贵阳市近40年气候变化趋势分析 [J].西南师范大学学报（自然科学版），2007，32(2)：82-87.

[187] 徐智慧，李扬，贾峰.贵阳市气候变化及影响 [Z].沈阳：中国气象学会，2012.